Die grafische Jahresübersicht links zeigt die Positionen von Sonne und Planeten auf einen Blick. Nach rechts sind die Monate aufgetragen, nach oben die Himmelskoordinate „Rektaszension", die der geografischen Länge auf der Erde entspricht. Ein Planet rechts neben der Sonnenlinie ist am Morgenhimmel zu sehen, links neben der Sonnenlinie entsprechend am Abendhimmel.

Was die Fotos zeigen:
S. 2/3: Milchstraßenwolke und offener Sternhaufen M 11 im südlichen Teil des Adlers; S. 7: Sternbilder Nördliche Krone, Kopf der Schlange und Bootes mit dem orangefarbenen Arktur; S. 63: Sternbild Kepheus; S. 70: Planet Mars, aufgenommen mit dem Hubble-Weltraumteleskop; S. 73: Planet Jupiter im Sternbild Steinbock (21.9.1997); S. 76: Totale Sonnenfinsternis (11. 7. 1991); S. 87: Planet Jupiter (Galileo-Aufnahme); S. 88: Jupitermond Io (Galileo-Aufnahme); S. 89: Jupitermond Europa (Galileo-Aufnahme); S. 90: Jupitermond Ganymed (Galileo-Aufnahme); S. 91: Jupitermond Kallisto (Galileo-Aufnahme); Rückwärtiger Umschlag: Komet Hale-Bopp, Mond

.... 4

Monatsübersichten
- ♦ Juli 1998 8
- ♦ August 1998 12
- ♦ September 1998 16
- ♦ Oktober 1998 20
- ♦ November 1998 24
- ♦ Dezember 1998 28
- ♦ Januar 1999 32
- ♦ Februar 1999 36
- ♦ März 1999 40
- ♦ April 1999 44
- ♦ Mai 1999 48
- ♦ Juni 1999 52

Kurzübersichten
Juli bis Dezember
1999 56

Zur Entstehung der
Jahreszeiten 62

Die Sichtbarkeit der
Planeten 1998/99
im Überblick 71

Finsternislose Zeit 74

Wenn der Mond die
Sterne frißt 79

Der Tanz der
Jupitermonde 83

Jupiter und seine
Monde 86

Doppelsterne –
kosmische Tanzpaare ... 92

Begriffserläuterungen ... 96

Hermann-Michael Hahn

Was tut sich am Himmel 1998/99

1. Juli 1998 bis 30. Juni 1999

Kosmos

Der Himmel für jedermann

Seit Menschengedenken übt der nächtliche Sternhimmel eine Faszination besonderer Art aus: Dort, wo tagsüber die gleißendhelle, wärmende Sonne am blauen Firmament entlangzieht, taucht nachts eine scheinbar endlose Zahl funkelnder Lichtpunkte auf, die in immer gleichen Mustern angeordnet sind. Zugegeben – viel sieht man heute nicht mehr davon, wenn man im Dunstkreis mittlerer oder großer Städte diesen Sternhimmel beobachten möchte: Die Großsucht vieler Straßenlaternen, unbedingt auch die Milchstraße am Himmel ausleuchten zu wollen, kann die Freude am Sterneschauen ganz schön verleiden. Man muß schon weit hinaus „aufs Land", will man zumindest eine blasse Ahnung von dem Anblick bekommen, der sich unseren Vorfahren noch vor wenigen Generationen bot. Doch die Faszination läßt sich zurückholen – zum einen durch ein gezieltes Beobachten, das den Blick auf das Wesentliche lenkt, zum anderen durch ein wachsendes Verständnis für das, was „dort oben" abläuft, und zu beidem möchte dieses Büchlein beitragen.

Was tut sich am Himmel richtet sich an alle, die mehr über das Wie und das Warum der kosmischen Abläufe um uns herum wissen möchten. Einprägsame Grafiken machen das Geschehen am Himmel deutlich: den Sonnenlauf mit seinen wechselnden Mittagshöhen, Auf- und Untergangspunkten sowie -zeiten (oben auf der nebenstehenden Musterseite), die täglich wechselnden Mondphasen oder auch die Stellungen der Planeten, die nicht nur durch kurze Texte beschrieben, sondern auch durch Farbbalken markiert sind (unten). Die Lage dieser roten Balken relativ zur Sonne, dargestellt durch die senkrechte gelbe Linie, zeigt an, wo sich der jeweilige Planet bezogen auf die Sonne aufhält; die Farbbalken machen also deutlich, ob man diesen Planeten am Abend- oder Morgenhimmel beobachten kann oder ob er unsichtbar mit der Sonne am Taghimmel steht.

Monatssternkarten

Wie sich der Anblick des abendlichen Sternhimmels

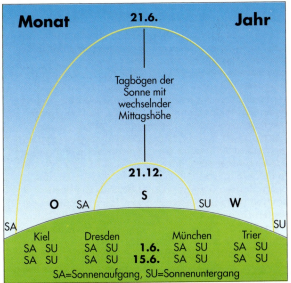

dann im Laufe der Zeit verändert, machen die anschließenden Monatssternkarten deutlich. Sie zeigen den Ausschnitt des Himmels, der jeweils zur angegebenen Beobachtungszeit zu sehen ist; dabei reicht dieser Ausschnitt weit über die vielfach übliche Darstellung der südlichen Himmelshälfte hinaus, weiter Richtung Norden bis zum Himmelspol mit dem Polarstern, umfaßt rund 70 Prozent des überschaubaren Himmels. Leider kann man einen so großen Teil des Himmels grundsätzlich nicht ohne Verzerrung zu Papier bringen, so wie es auch unmöglich ist, einen aufgeplatzten Fußball völlig glatt und eben auf den Boden zu legen. Damit die dargestellten Sternbilder durch solche unvermeidlichen Verzerrungen nicht zur Unkenntlichkeit entstellt werden, wurde ein kleiner Kniff angewandt: Zwar stimmen die gegenseitigen Abstände der einzelnen Sternbilder oder auch die Ausrichtungen der Figuren über größere Winkeldistanzen im polnahen Bereich nicht immer, doch überblickt man solch größere Ausschnitte des nächtlichen Himmels ohnehin nicht auf einmal, so daß diese „Schwäche" vielleicht als noch am wenigsten störend angesehen werden kann.

Tips und Anregungen
Im Anschluß an die Monatsübersichten folgen einige generelle Erläuterungen, diesmal zur Entstehung der Jahreszeiten. Außerdem gibt es eine Vorschau auf die totale Sonnenfinsternis vom 11. August 1999 in Deutschland und Tips und Anregungen zur Beobachtung von Planeten, Finsternissen und Sternbedeckungen, der Jupitermonde sowie von Doppelsternen, für die der Einsatz eines Fernglases sinnvoll ist.

Von Juli bis Juni
Das Buch beginnt, wenn die Tage nach der Sommersonnenwende wieder kürzer werden und einen zunehmend früheren Blick auf den nächtlichen Sternhimmel erlauben, begleitet den Benutzer während der gesamten Zeit der langen Winternächte und endet erst, wenn die nun immer später untergehende Sonne kaum noch sinnvolle Himmelsbeobachtungen zuläßt.
Wem die Beobachtung des Himmels mit bloßem Auge oder mit einem Fernglas irgendwann einmal nicht mehr ausreicht, der sollte sich auf den Weg zu einer der nächstgelegenen Volkssternwarten machen. Wer dagegen die Bewegungsabläufe einmal im Zeitraffer „begreifen" möchte, ist in einem Sterntheater oder Planetarium gut aufgehoben.

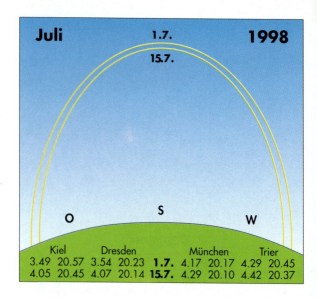
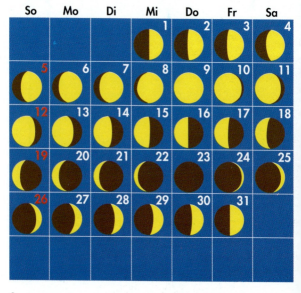

Planetenlauf

Abendhimmel   Morgenhimmel

Merkur erreicht zwar am 17.7. eine größte östliche Elongation (27 Grad), steht aber weit südlicher als die Sonne und taucht daher am Abendhimmel nicht auf.

Venus rückt am Morgenhimmel langsam an Mars heran; auf ihrem Weg durch die Ekliptik hat sie den Gipfelpunkt inzwischen auch überschritten.

Mars löst sich nur sehr zögernd aus dem Dämmerschein der Sonne; gegen Monatsende kann die benachbarte Venus als Wegweiser und Suchhilfe dienen.

Jupiter kehrt am 18.7. seine Bewegungsrichtung um und wandert anschließend langsam rückläufig durch den Westteil des Sternbilds Fische.

Saturn tritt im Grenzbereich der Sternbilder Widder, Fische und Walfisch fast auf der Stelle; er wird im nächsten Monat seine Oppositionsschleife beginnen.

Uranus steht fast die ganze Nacht hindurch über dem Horizont; seine weit südliche Stellung im Steinbock erschwert das Auffinden jedoch.

Konstellationen und Ereignisse
(alle Angaben in MEZ)

4.7.	1^h	Erde in Sonnenferne (152,1 Mio. km)
14.7.	24^h	Mond 3 Grad südöstlich von Jupiter
17.7.	4^h	Merkur in gr. östl. Elongation (27°)
17.7.	4^h	Mond 3,5 Grad südlich von Saturn
18.7.	19^h	Jupiter im Stillstand, anschl. rückläufig
21.7.	4^h	Mond 6 Grad südwestlich von Venus
23.7.	24^h	Merkur in Sonnenferne (69,8 Mio. km)
30.7.	6^h	Merkur im Stillstand, anschl. rückläufig

Algol-Minima: 6.7.: 1^h52^m, 26.7.: 3^h32^m, 29.7.: 0^h21^m

Im Ferienmonat **Juli** haben sicher viele Menschen genügend Zeit und Muße, einmal den Sternhimmel zu betrachten. In einer lauen Sommernacht könnte dies auch für Einsteiger zu einem reinen Vergnügen werden, wäre da nicht die Natur selbst dagegen: Im Vormonat hat die Sonne ihre größte Mittagshöhe erreicht (Sommersonnenwende), und wir müßten uns entsprechend mit der kürzesten Nacht des Jahres begnügen. Seither hat die Länge des lichten Tages (die Zeit zwischen Sonnenauf- und -untergang) erst wenig abgenommen, und so dauert es anfangs noch bis nach 23 Uhr (Sommerzeit), ehe es ausreichend dunkel ist. So zeigt die Sternkarte den Anblick des Himmels zur Monatsmitte gegen **22 Uhr MEZ** (= 23 Uhr Sommerzeit).

Wer nicht so lange warten möchte, kann in der Dämmerung das Aufleuchten der hellsten Sterne verfolgen. Mit zu den ersten wird die Wega gehören, hellster Stern und damit Hauptstern im Sternbild Leier, das dann schon hoch am Südosthimmel steht. Um Wega zu finden, muß man sich mit dem Rücken zu dem Punkt stellen, an dem die Sonne im Nordwesten untergegangen ist. Wega ist zwar nur der zweithellste Stern am nördlichen Himmel, aber Arktur, der hellste (Hauptstern des Bootes) steht bereits im Südwesten, wo der Himmel vom Dämmerschein der Sonne noch stärker aufgehellt wird.

Die große Helligkeit beider Sterne ist vornehmlich auf ihre Nähe zurückzuführen: Arktur ist 36,7 Lichtjahre von uns entfernt, Wega sogar nur 25,3; das Licht, das uns von diesen Sternen erreicht, war also 36,7 beziehungsweise 25,3 Jahre unterwegs (von der Sonne bis zu uns braucht das Licht nur etwa 8,3 Minuten). Wieviel heller muß dann Deneb, der Hauptstern im Schwan sein: Seine Entfernung beträgt mehr als 2000 Lichtjahre! Der Schwan ist links unterhalb der Leier zu finden – als liegendes Kreuz halbhoch im Osten.

Am Südhimmel stehen zwei großflächige Sternbilder, die jedoch kaum hellere Sterne enthalten: Herkules und Schlangenträger. Darunter, tief über dem Horizont, leuchtet Antares, der rötliche Hauptstern im Skorpion. Hier verrät die Farbe, daß dieser Stern an seiner Oberfläche vergleichsweise kühl ist; damit er nun trotzdem über eine Entfernung von 600 Lichtjahren so hell erscheinen kann, muß er entsprechend groß sein. Stünde Antares an der Stelle der Sonne, so würde er bis weit über die Marsbahn hinausreichen.

Läßt man den Blick vom Schlangenträger über Herkules weiter hinaus schweifen, so trifft man in einiger Entfernung auf den Polarstern, der zugleich auch Hauptstern des Kleinen Wagens ist; unterwegs kommt man an einem kleinen Sternenviereck vorbei, das den Kopf des Sternbilds Drache markiert. Den Großen Wagen dagegen findet man halbhoch im Nordwesten, wo er langsam zum Horizont sinkt.

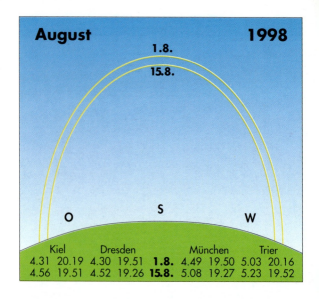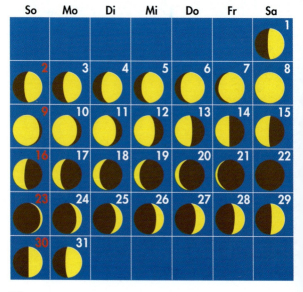

Planetenlauf

Abendhimmel   Morgenhimmel

Merkur durchläuft am 14.8. die untere Konjunktion und wechselt dabei vom Abend- zum Morgenhimmel, bleibt aber den ganzen Monat hindurch unsichtbar.

Venus zieht am 5.8. an Mars vorbei und rückt immer näher an die Sonne heran. Die Begegnung mit Merkur am 26. ist allenfalls im Fernglas zu verfolgen.

Mars gewinnt jetzt zunehmend Abstand zur Sonne und geht zuletzt rund drei Stunden vor ihr auf; im Sternbild Krebs ist er leicht zu finden.

Jupiter nähert sich langsam seiner Oppositionsstellung; zum Dämmerungsende ist er schon im Osten aufgegangen und kann dann bis zum Morgen beobachtet werden.

Saturn beginnt am 17.8. mit seiner Oppositionsschleife; seine Position vor den Hintergrundsternen verändert sich in diesem Monat kaum.

Uranus steht am 3.8. der Sonne am Himmel gegenüber und ist mit einem Fernglas die ganze Nacht hindurch im Sternbild Steinbock als grünlicher Punkt zu sehen.

Konstellationen und Ereignisse
(alle Angaben in MEZ)

Datum	Zeit	Ereignis
3.8.	8^h	Uranus in Opposition zur Sonne
5.8.	4^h	Venus 1 Grad südlich von Mars
11.8.	0^h	Mond 2 Grad südlich von Jupiter
14.8.	1^h	Merkur in unterer Konjunktion zur Sonne
16.8.	17^h	Saturn im Stillstand, anschl. rückläufig
20.8.	4^h	Mond 6,5 Grad südöstlich von Mars
20.8.	4^h	Mond 5 Grad südwestlich von Venus
22.8.	3^h	Ringförmige Sonnenfinsternis in Indonesien
23.8.	6^h	Merkur im Stillstand, anschl. rechtläufig
31.8.	10^h	Merkur in gr. westl. Elongation (18 Grad)

Um den 12. August kreuzt die Erde die Bahn des Kometen Swift-Tuttle, dessen Staubpartikel dann in die obere Erdatmosphäre eintauchen und als Meteore verglühen.

Algol-Minima: 18.8.: 2^h01^m, 20.8.: 22^h49^m, 23.8.: 19^h38^m

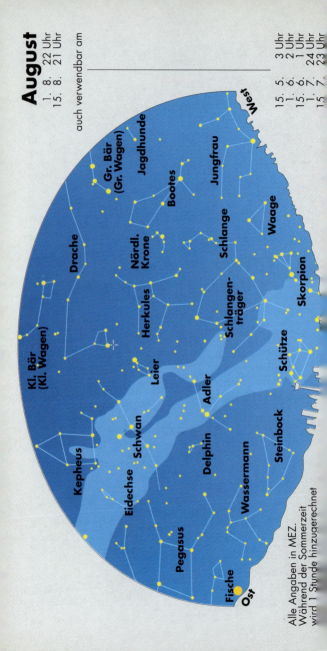

Im **August** werden die Tage schon deutlich kürzer, bleibt die Sonne am Abend nicht mehr ganz so lange über dem Horizont, kann man wieder etwas früher nach den Sternen Ausschau halten. Die Karte zeigt nun wieder den Anblick des Himmels zur Monatsmitte gegen **21 Uhr MEZ** (= 22 Uhr MESZ). Gegenüber dem Vormonat hat sich noch nicht viel verändert. Zwar sind Herkules und Schlangenträger nach Südwesten abgezogen, und auch der Skorpion mit dem rötlichen Antares ist schon näher zum Horizont gerückt, aber noch kann man diese frühsommerlichen Figuren gut beobachten. Und nicht nur sie: Weiter im Westen findet man auch noch den Rinderhirten Bootes, dessen Umrisse an die klassische Form eines Papierdrachens erinnern. Darunter neigt sich das Sternbild Jungfrau dem Untergang zu, und im Westen (außerhalb der Karte) ist noch das Hinterteil des Löwen zu finden, der zu den Frühlingssternbildern gehört.

Im Bereich des Meridians (der Nord-Süd-Linie) übernehmen allmählich die Sommersternbilder die Himmelsbühne. Hoch über unseren Köpfen, fast im Zenit, steht die kleine Leier mit der hellen Wega als Hauptstern. Sie markiert einen Eckpunkt des sogenannten Sommerdreiecks, einer Art „Überfigur", die von den Hauptsternen der Sternbilder Leier, Schwan und Adler gebildet wird. Die anderen beiden Eckpunkte leuchten hoch im Osten (Deneb, der Schwanzstern des Schwans) und halbhoch im Südosten (Atair, der Hauptstern im Adler). Atair ist von diesen drei Sternen der nächste: Seine Entfernung beträgt lediglich knapp 17 Lichtjahre.

Am Beispiel des Adlers, dessen Umrisse eher an einen etwas verbogenen Anker erinnern, läßt sich deutlich machen, daß die Sterne einer solchen Figur räumlich gar nicht zusammengehören. So ist zum Beispiel Alschain, der untere Nachbarstern von Atair, mit 45 Lichtjahren fast dreimal so weit entfernt, während das Licht von Tarazed, dem oberen Nachbarn, rund 460 Jahre bis zu uns benötigt; 1400 Lichtjahre trennen uns schließlich von dem Stern η (eta), dem einzelnen Stern genau unterhalb von Atair (Sterne ohne Eigennamen werden mit griechischen Buchstaben gekennzeichnet); η ist übrigens ein veränderlicher Stern, dessen Helligkeit innerhalb von einer Woche um eine Größenklasse schwankt.

Folgt man der Linie, die durch die Dreiergruppe um und mit Atair gebildet wird, zum Horizont, so trifft der Blick dort auf den Steinbock; er gehört zu den Ekliptiksternbildern, durch die einmal im Jahr die Sonne hindurchzieht. Links daneben steht der Wassermann, ebenfalls ein Ekliptiksternbild, und tief im Osten taucht der helle Jupiter auf.

Das Band der Milchstraße erstreckt sich von Süden durch die Figuren des Sommerdreiecks hoch am Osthimmel zum Himmels-W der Kassiopeia im Nordosten (außerhalb der Karte).

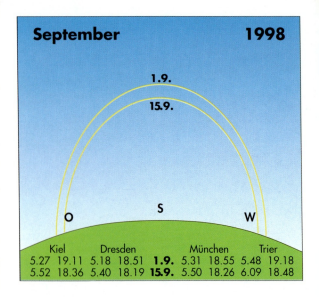
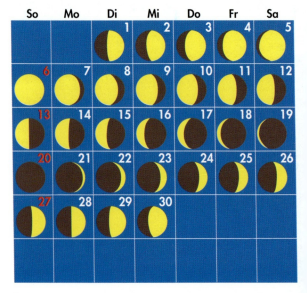

Planetenlauf

Abendhimmel   Morgenhimmel

Merkur stand am 31.8. in größter westlicher Elongation (18 Grad) und taucht am Morgenhimmel auf; er bleibt ein schwieriger Leckerbissen für Kenner.

Venus verabschiedet sich langsam vom Morgenhimmel; auf ihrer Bahn wird sie bald hinter der Sonne vorbeiziehen und dann für längere Zeit unsichtbar bleiben.

Mars wandert am Morgenhimmel aus dem Krebs in den Löwen und nähert sich dem hellen Regulus, den er aber erst im nächsten Monat passieren wird.

Jupiter ist im Zuge seiner rückläufigen Bewegung in den Ostteil des Sternbilds Wassermann zurückgekehrt, wo er am 16.9. seine Oppositionsstellung erreicht.

Saturn hat im Vormonat mit seiner Oppositionsschleife begonnen und wandert nun ganz langsam rückläufig durch den Ostteil des Sternbilds Fische.

Uranus erreicht allmählich den westlichen Umkehrpunkt seiner Oppositionsschleife und zieht sich damit langsam aus der zweiten Nachthälfte zurück.

Konstellationen und Ereignisse
(alle Angaben in MEZ)

5.9.	24^h	Merkur in Sonnennähe (46 Mio. km)
7.9.	5^h	Mond 1,5 Grad südwestlich von Jupiter
7.9.	13^h	Venus in Sonnennähe (107,5 Mio. km)
9.9.	21^h	Mond 3 Grad südöstlich von Saturn
16.9.	4^h	Jupiter in Opposition zur Sonne
17.9.	5^h	Mond 4 Grad südwestlich von Mars
23.9.	6^h37^m	Sonne im Herbstpunkt, Herbstanfang
25.9.	21^h	Merkur in oberer Konjunktion

Algol-Minima: 7.9.: 3^h41^m, 10.9.: 0^h29^m, 12.9.: 21^h18^m, 30.9.: 2^h09^m

Der **September** kündet mit dem Herbstbeginn die eigentliche Hoch-Zeit der Himmelsbeobachter an: Wenn die Sonne auf ihrem Weg durch die Sternbilder der Ekliptik wieder unter den Himmelsäquator sinkt, schrumpft die Länge des lichten Tages (die Zeit zwischen Sonnenauf- und -untergang) auf unter zwölf Stunden, und damit werden die Nächte wieder länger als die Tage. Trotzdem halten wir die gewohnte Beobachtungszeit (gegen 21 Uhr MEZ zur Monatsmitte) bei, um den monatlichen Wechsel des Himmelsanblicks deutlich werden zu lassen.

Leicht zu finden ist jetzt hoch am Südhimmel der Schwan mit seinen ausgebreiteten Schwingen und dem weit nach vorn gereckten Hals; an seiner Spitze leuchtet Albireo, der in einem Fernglas bei 10facher Vergrößerung als enges Sternpaar erscheint. Auch in der Leier, die schon etwas weiter nach Südwesten gerückt ist, kann man mit einem Fernglas solche Sternpaare oder Doppelsterne erkennen (Karte auf Seite 93); Beobachter mit scharfsichtigen Augen sollten $\varepsilon_1 / \varepsilon_2$ (epsilon) links oberhalb von Wega sogar mit bloßem Auge „trennen" können.

Die Hauptsterne von Schwan und Leier, Deneb und Wega, bilden zusammen mit Atair im Adler das große Sommerdreieck. Ähnliche Anordnungen gibt es auch zu den anderen Jahreszeiten, so zum Beispiel das Herbstviereck, das in Gestalt des Sternbilds Pegasus bereits im Osten zu finden ist.

Allerdings umfaßt der Pegasus, der an das geflügelte Roß der griechischen Mythologie erinnert, mehr als nur dieses Viereck: In der rechten unteren Ecke setzt der geschwungene Hals des Pferdes an (das also kopfüber am Himmel entlangsegelt), während man darüber, von der rechten oberen Ecke ausgehend, die gestreckten Vorderläufe erkennen kann, die bis an den Schwan heranreichen. Dafür gehört der linke obere Eckpunkt bereits zum Sternbild Andromeda, das sich von dort nach Osten anschließt.

Unterhalb vom Pegasus erstreckt sich das Sternbild Fische, das allerdings keine hellen Sterne enthält; als Ekliptiksternbild ist es dennoch recht bekannt. Zur Zeit stehen gleich zwei helle Planeten in dieser Region: Jupiter erreicht Mitte September seine Oppositionsstellung (er steht dann der Sonne gegenüber), und Saturn wandert an der Grenze zum Widder vor den Hintergrundsternen langsam nach Westen.

Noch einmal bietet sich in den mondlosen Nächten um den 20. 9. die Gelegenheit zu einem Blick auf die Sommermilchstraße: Vom Sternbild Schütze im Südwesten über das Sommerdreieck und das Himmels-W der Kassiopeia bis hin zu Kapella, dem Hauptstern des Fuhrmanns im Nordosten (außerhalb der Karte), findet man hier mit einem Fernglas viele Sternwolken und Gasnebel.

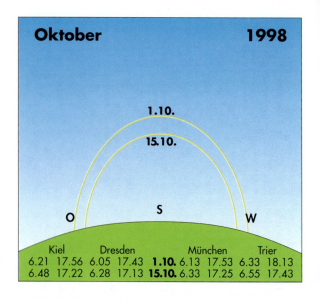
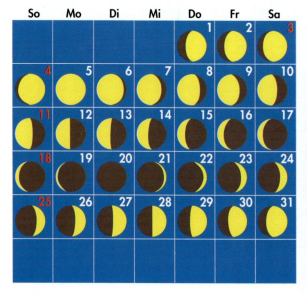

Planetenlauf

Abendhimmel   Morgenhimmel

Merkur wandert auf seinem Weg durch die Ekliptik der Sonne voran und gerät zunehmend in südlichere Breiten, so daß er sich am Abendhimmel nicht durchsetzen kann.

Venus zieht ihre Bahn zur Zeit unsichtbar jenseits der Sonne und erreicht am 30.10. die obere Konjunktion, mit der sie auf die Ostseite der Sonne wechselt.

Mars passiert am 7.10. Regulus, den Hauptstern im Löwen, in einem Abstand von knapp einem Grad und folgt der Sonne in südlichere Gefilde der Ekliptik.

Jupiter stand im Vormonat in Opposition zur Sonne und zieht weiter langsam westwärts durch den Ostteil des Sternbilds Wassermann.

Saturn steht am 23.10. der Sonne am Himmel gegenüber (Opposition) und kann entsprechend die ganze Nacht hindurch beobachtet werden.

Uranus kehrt seine Bewegungsrichtung um und beendet damit am 19.10. die diesjährige Oppositionsschleife; er ist am besten in den frühen Abendstunden zu finden.

Konstellationen und Ereignisse
(alle Angaben in MEZ)

Datum	Zeit	Ereignis
4.10.	19^h	Mond 5,5 Grad östlich von Jupiter
7.10.	2^h	Mond 2,5 Grad südlich von Saturn
16.10.	3^h	Mond 1,5 Grad südlich von Mars
19.10.	2^h	Uranus im Stillstand, anschl. rechtläufig
19.10.	23^h	Merkur in Sonnenferne (69,8 Mio. km)
23.10.	20^h	Saturn in Opposition zur Sonne
30.10.	5^h	Venus in oberer Konjunktion
31.10.	18^h	Mond 1 Grad südöstlich von Jupiter

Algol-Minima: 2.10.: 22^h58^m, 20.10.: 3^h50^m, 23.10.: 0^h39^m, 25.10.: 21^h28^m, 28.10.: 18^h16^m

Der **Oktober** erweist sich am Sternhimmel als eine Zeit des Umbruchs: Zwar findet man die Sommersternbilder zur gewohnten Beobachtungszeit (gegen 21 Uhr MEZ zur Monatsmitte) immer noch hoch am Südwesthimmel, aber die Herbstfiguren rücken unaufhaltsam nach; da sie nicht so viele helle Sterne enthalten, verliert der Himmel gegenüber den Sommernächten ein bißchen an Glanz.

So zeigt die Gegend um den Meridian (die Nord-Süd-Linie) derzeit keine auffälligen Sternmuster: Steinbock und Wassermann, die beiden Ekliptiksternbilder, enthalten nur Sterne der dritten Größenklasse und darunter, und selbst der Pegasus kann in seinem westlichen Teil nicht mit helleren Sternen aufwarten. Da steht Fomalhaut, der Hauptstern im Südlichen Fisch, als einziger Stern der ersten Größenklasse fast auf verlorenem Posten, zumal sein Licht zusätzlich geschwächt wird. Wegen der weit südlichen Stellung trifft es bei uns nur sehr streifend auf die Atmosphäre und muß einen entsprechend längeren Weg bis zu uns zurücklegen. So wird Fomalhaut, eigentlich auf Rang 18 der hellsten Sterne – und damit noch heller als Deneb, Regulus oder Kastor – bei uns oft übersehen. Fomalhaut ist übrigens fast genau so weit entfernt wie Wega: 25,1 Lichtjahre.

Die Sternbilder Wassermann, Südlicher Fisch und der nach Osten angrenzende Walfisch bilden zusammen mit den Fischen unterhalb des Pegasus ein großes „Feuchtbiotop" am Himmel, zu dem darüber hinaus noch der geheimnisvolle Fluß Eridanus (weiter im Osten) und das Sternbild Steinbock gehören (der Steinbock hieß früher Ziegenfisch und erinnerte so an den sagenumwobenen Kampf zwischen Göttern und Titanen, bei dem der Hirtengott Pan in Gestalt einer Ziege Zuflucht in einem Fluß suchte und dabei einen Fischschwanz annahm). Wenn die Bewohner der Hochkulturen im Zweistromland diese Sternbilder nach Sonnenuntergang am Westhimmel fanden, wußten sie, daß die Regenzeit unmittelbar bevorstand. Auf diese Weise entstanden (damals viele Sternbildfiguren, indem man regelmäßige irdische Abläufe an den Himmel projizierte. Daraus heute in umgekehrter Richtung Einflüsse der Sterne auf unser Leben ableiten zu wollen, erinnert sehr stark an den Versuch des Barons Münchhausen, sich am eigenen Schopf aus dem Sumpf zu ziehen.

In diesem Jahr wird der an hellen Sternen arme Herbsthimmel allerdings durch den Glanz zweier Planeten bereichert: Zwischen Wassermann und Fischen zieht Jupiter seine Oppositionsschleife, und weiter im Osten, zwischen Widder und Fische, leuchtet der Ringplanet Saturn. Wie sehr sie „im Vordergrund" stehen, macht die Entfernungsangaben deutlich. Das Licht von Jupiter braucht 30 Minuten, das von Saturn 70 Minuten bis zu uns, das der Sterne viele Jahre.

November 1998

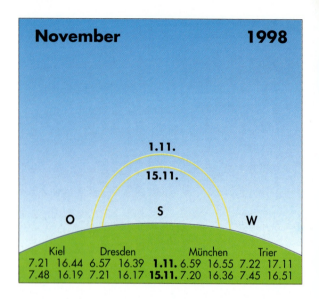

Kiel	Dresden		München	Trier
7.21 16.44	6.57 16.39	**1.11.** 6.59 16.55	7.22 17.11
7.48 16.19	7.21 16.17	**15.11.** 7.20 16.36	7.45 16.51

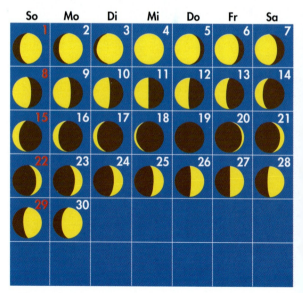

Planetenlauf

Abendhimmel　　　　　　　　　　Morgenhimmel

Merkur erreicht am 11.11. eine größte östliche Elongation (23 Grad), geht durch die weit südliche Stellung aber schon kurz nach der Sonne unter und bleibt unsichtbar.

Venus stand im Vormonat in oberer Konjunktion mit der Sonne und muß nun mühsam einen Vorsprung gewinnen, ehe sie am Abendhimmel auftauchen kann.

Mars wechselt ins Sternbild Jungfrau; sein Winkelabstand zur Sonne wächst zunehmend schneller, und damit steigt auch die Sichtbarkeitsdauer an.

Jupiter beendet am 14.11. seine Oppositionsschleife und bewegt sich anschließend wieder langsam rechtläufig in Richtung Sternbild Fische.

Saturn stand im Vormonat in Opposition zur Sonne und setzt jetzt seine rückläufige Bewegung durch den Ostteil des Sternbilds Fische fort.

Uranus hat die Oppositionsschleife beendet und bewegt sich nun wieder langsam rechtläufig durch den Steinbock; er wird bald vom Abendhimmel verschwinden.

Konstellationen und Ereignisse
(alle Angaben in MEZ)

3.11.	6^h	Mond 4,5 Grad südwestlich von Saturn
11.11.	10^h	Merkur in gr. östl. Elongation (23 Grad)
14.11.	2^h	Jupiter im Stillstand, anschl. rechtläufig
14.11.	3^h	Mond 4,5 Grad südöstlich von Mars
21.11.	16^h	Merkur im Stillstand, anschl. rückläufig
28.11.	0^h	Mond 2 Grad südwestlich von Jupiter
30.11.	18^h	Mond 2,5 Grad südlich von Saturn

Um den 17.11. können am Morgenhimmel verstärkt Meteore auftreten, die aus dem Sternbild Löwe zu kommen scheinen.

Algol-Minima: 9.11.: 5^h32^m, 12.11.: 2^h21^m, 14.11.: 23^h10^m, 17.11.: 19^h59^m

Im **November** dominiert das Herbstviereck den Südhimmel: Drei Sterne des Pegasus und – in der linken oberen Ecke – ein Stern der Andromeda formen zusammen ein großes Viereck, das verhältnismäßig einfach zu identifizieren ist; leider sind die Eckpunkte nicht sehr hell, so daß eine nahe Straßenlaterne schon stören kann.

Überhaupt ist der herbstliche Abendhimmel nicht gerade reich an auffälligen Sternen. Wir blicken hier in eine Richtung, die weit unterhalb der Milchstraßenebene hinwegführt, und dort stehen keine hellen Sterne. Wirkliche Leuchtriesen werden nämlich nicht sehr alt, weil sie ihren „Brennstoff" zu rasch aufbrauchen. So weit ober- oder unterhalb der Milchstraßenebene gibt es aber nur noch alte, leuchtschwächere Sterne, weil dort schon lange keine neuen Sterne mehr entstanden sind.

Anders sieht es im Bereich der Milchstraßenebene selbst aus. Hier, in den Sternbildern Andromeda, Perseus und Kassiopeia, stehen die hellen Sterne schon etwas dichter; trotz Entfernungen von einigen hundert Lichtjahren erscheinen sie zum Teil heller als mancher nahe Sonnennachbar.

Caph, der rechte obere Eckpunkt der Kassiopeia, ist uns mit 54 Lichtjahren noch ziemlich nahe. Dagegen steht der Stern γ (gamma), die mittlere Spitze des Ws, etwa 600 Lichtjahre entfernt. Etwa 600 Lichtjahre ist auch Mirfak entfernt, der Stern im Treffpunkt der Perseus-Linien. Wer diese Region mit einem Fernglas beobachtet, kann in der Umgebung etliche etwas schwächere Sterne erkennen, die alle zusammen entstanden sind und eine vergleichsweise lockere Gruppe bilden.

Aber auch die hellsten Sterne sind mit bloßem Auge nur über eine begrenzte Entfernung zu erkennen; danach versinken sie gleichsam in der Finsternis. Erst dann, wenn sie in großer Zahl zusammenstehen und aus der Entfernung dichtgedrängt erscheinen, können sie als Lichtschimmer bemerkt werden. So entsteht zum Beispiel das Band der Milchstraße, dessen Sternwolken einige zehntausend Lichtjahre entfernt sind.

Nach neuen Messungen ist der verwaschene Nebelfleck im Sternbild Andromeda (in der Karte unter dem „m" von Andromeda zu finden) fast 3 Millionen Lichtjahre entfernt: Bis vor kurzem wurde die Entfernung dieses Andromeda„nebels" noch mit 2,25 Millionen Lichtjahren angegeben, doch mußten die Astronomen diesen Wert jetzt korrigieren: Beobachtungen mit dem Satelliten Hipparcos haben gezeigt, daß der verwendete Maßstab offenbar nicht richtig „geeicht" war.

Wer den Andromedanebel als nächste große Nachbarmilchstraße, die gleich einige hundert Milliarden Sterne enthält, finden möchte, sollte einen möglichst dunklen Standort und eine Nacht ohne Mondlicht auswählen. Ein lichtstarkes Fernglas erleichtert auf jeden Fall die Suche.

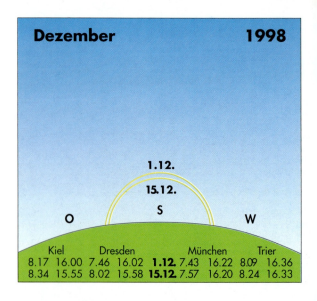
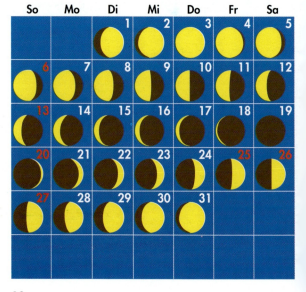

Planetenlauf

Abendhimmel　　　　　　　　　　　　　Morgenhimmel

Merkur entfernt sich am 21.12. bis auf 22 Grad von der Sonne nach Westen; in diesem Bereich der Ekliptik reicht dies zu einer knappen Morgensichtbarkeit.

Venus kann sich nur ganz langsam aus dem Dunstkreis der Sonne lösen und ist vielleicht in den letzten Tagen des alten Jahres tief über dem Südwesthorizont zu finden.

Mars kann seinen Aufgang nur um rund eine halbe Stunde vorverlegen und bleibt somit auch zum Jahresende ein Planet des Morgenhimmels.

Jupiter hat seine Oppositionsschleife beendet und wandert nun immer schneller dem Sternbild Fische entgegen, das er aber erst im neuen Jahr erreicht.

Saturn verlangsamt seine rückläufige Bewegung im Ostteil des Sternbilds Fische und tritt zuletzt auf der Stelle, bleibt aber bis nach Mitternacht zu beobachten.

Uranus zieht sich vom Abendhimmel zurück; er wird allmählich von der Sonne eingeholt und kann sich zuletzt nicht mehr gegen den hellen Dämmerschein durchsetzen.

Konstellationen und Ereignisse
(alle Angaben in MEZ)

1.12.	16^h	Merkur in unterer Konjunktion
2.12.	23^h	Merkur in Sonnennähe (46 Mio. km)
11.12.	7^h	Merkur im Stillstand, anschl. rechtläufig
12.12.	7^h	Mond 1,5 Grad nordwestlich von Mars
16.12.	23^h	Mars in Sonnenferne (249,2 Mio. km)
17.12.	7^h	Mond 3,5 Grad nordöstlich von Merkur
20.12.	5^h	Merkur in gr. westl. Elongation (22 Grad)
22.12.	2^{h}57^m	Wintersonnenwende, Winteranfang
25.12.	18^h	Mond 3,5 Grad östlich von Jupiter
28.12.	1^h	Mond 3 Grad südlich von Saturn
28.12.	20^h	Venus in Sonnenferne (108,9 Mio. km)
30.12.	17^h	Saturn im Stillstand, anschl. rechtläufig

Algol-Minima: 2.12.: 4^{h}03^m, 5.12.: 0^{h}52^m, 7.12.: 21^{h}41^m, 10.12.: 18^{h}31^m, 22.12.: 5^{h}47^m, 25.12.: 2^{h}36^m, 27.12.: 23^{h}25^m, 30.12.: 20^{h}14^m

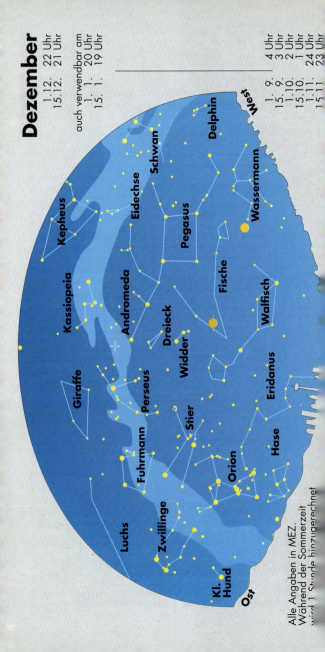

Im **Dezember** erreicht die Sonne den tiefsten Punkt ihrer scheinbaren Jahresbahn, die sogenannte Wintersonnenwende. Damit verbunden sind nun der kürzeste Tag und die längste Nacht des Jahres, so daß man jetzt mehr als 11 Stunden wirklich dunklen Himmel erkunden kann – die Dämmerungszeiten bereits abgerechnet.

Zur gewohnten Beobachtungszeit (gegen 21 Uhr zur Monatsmitte) haben die meisten Herbststernbilder die Nord-Süd-Linie bereits hinter sich gelassen und sind nun in der Westhälfte des Himmels zu finden – und mit ihnen auch die beiden Planeten Jupiter und Saturn; einzig der Widder, das Dreieck, der Walfisch und die Andromeda reichen noch an den Meridian heran, und der Perseus hat ihn noch nicht einmal erreicht.

In diesem Sternbild, dessen Umrisse an eine etwas verbogene Astgabel erinnern, ist ein veränderlicher Stern auch mit bloßem Auge gut zu verfolgen: Die Helligkeit von Algol, dem „Teufelsstern", geht alle drei Tage für einige Stunden um mehr als eine Größenklasse zurück. Dort umkreisen sich zwei unterschiedlich helle Sterne so, daß sie in regelmäßigen Abständen voreinander herziehen; wenn dann der dunklere vor dem helleren steht, wird jener verdeckt, und die Gesamthelligkeit von Algol nimmt deutlich ab. (Die Termine für günstig zu beobachtende Algol-Minima sind jeweils unter der Rubrik „Konstellationen und Ereignisse" aufgelistet.) Man findet Algol in der Karte rechts oberhalb vom zweiten Perseus-„e".

Im Osten und Südosten sind unterdessen die Wintersternbilder schon fast vollständig zu finden – allen voran der Stier mit den Plejaden, die auch als Siebengestirn bekannt sind. Dieser Sternhaufen in rund 375 Lichtjahren Entfernung umfaßt in Wirklichkeit mehr als 200 Sterne, von denen allerdings nur die hellsten sechs oder sieben Mitglieder mit bloßem Auge zu sehen sind; schon ein Fernglas zeigt gleich ein paar Dutzend Lichtpunkte in dieser Region. Das rötliche Stierauge – markiert durch den Stern Aldebaran – weist den Weg zu einem zweiten, weniger auffälligen Sternhaufen: den Hyaden. Da dessen Mitglieder nur etwa 155 Lichtjahre entfernt sind, erscheinen sie weniger gedrängt und kaum zusammengehörig; sie markieren eben „nur" den v-förmigen Umriß des Stierkopfes. Aldebaran selbst gehört übrigens nicht dazu – er steht mit 65 Lichtjahren Entfernung deutlich „im Vordergrund".

Etwa doppelt so weit ist es bis Elnath, dem oberen der beiden Stierhörner unterhalb des Fuhrmanns (der Stern wurde früher zum Sternbild Fuhrmann gerechnet). Dagegen ist der Stern an der Spitze des unteren Stierhorns rund 400 Lichtjahre entfernt.

Links unterhalb des Stiers steigt jetzt der Himmelsjäger Orion empor, der im nächsten Monat vorgestellt wird, und auch die Zwillinge und der Kleine Hund sind bereits zu sehen.

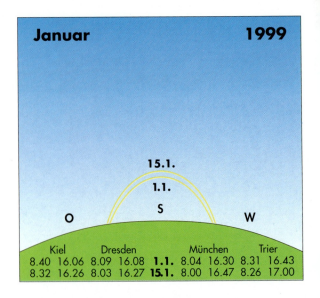
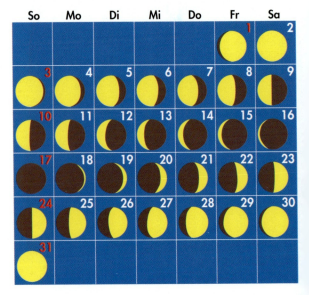

Planetenlauf

Abendhimmel   Morgenhimmel

Merkur läuft auf seinem Weg durch die Ekliptik der Sonne hinterher und verschwindet immer tiefer in ihrem Glanz; er bleibt den ganzen Monat hindurch unsichtbar.

Venus rückt allmählich weiter von der Sonne ab und ist bei einem niedrigen Horizont kurz nach Sonnenuntergang im Südwesten zu finden.

Mars wandert langsam durch das Sternbild Jungfrau nach Osten und passiert am 11.1. die helle Spica in einem Abstand von rund 4 Grad.

Jupiter wechselt aus dem Sternbild Wassermann in die Fische und ist weiterhin unumstrittener Glanzpunkt am frühen und mittleren Abendhimmel.

Saturn hat seine Oppositionsschleife beendet und bewegt sich im Ostteil des Sternbilds Fische nun wieder in östlicher Richtung entlang der Ekliptik.

Uranus ist im Glanz des Tageslichtes verschwunden; die Sonne rückt bis auf 2 Grad heran, so daß der sonnenferne Planet für längere Zeit unsichtbar bleibt.

Konstellationen und Ereignisse
(alle Angaben in MEZ)

3.1.	14^h	Erde in Sonnennähe (147,1 Mio. km)
10.1.	2^h	Mond 3 Grad östlich von Mars
15.1.	22^h	Merkur in Sonnenferne (69,8 Mio. km)
19.1.	18^h	Mond 4,5 Grad nordöstlich von Venus
21.1.	21^h	Mond 4 Grad südwestlich von Jupiter
24.1.	18^h	Mond 6,5 Grad östlich von Saturn

Algol-Minima: 14.1.: 4^h21^m, 17.1.: 1^h10^m, 19.1.: 21^h59^m, 22.1.: 18^h48^m

Der **Januar** bringt zu der gewohnten Beobachtungszeit (gegen 21 Uhr zur Monatsmitte) einen sehr deutlichen Szenenwechsel, sind doch nun die Wintersternbilder um den Himmelsjäger, den Orion, mittlerweile bis zur Südrichtung vorgedrungen.

Damit ist das Wintersechseck aus den hellsten Sternen dieser Region jetzt vollständig zusammen: Von Aldebaran, dem rötlichen Stierauge, finden wir im Uhrzeigersinn nach links unten zunächst Rigel, den rechten Fußstern des Orion, sodann Sirius, den hellsten Fixstern am irdischen Himmel, links darüber Prokyon, Hauptstern im Kleinen Hund, das Zwillingspaar Kastor und Pollux sowie nahe dem Zenit die helle Kapella, Hauptstern im Fuhrmann; und gleichsam mittendrin leuchtet noch die Beteigeuze als linker Schulterstern des Orion in einem orangeroten Licht.

Der Orion gehört übrigens nach dem Großen Wagen zu den bekanntesten Sternbildern – mit den markanten drei Gürtelsternen ist er auch recht einfach zu identifizieren. Darüber hinaus enthält er mit Rigel und Beteigeuze zwei der zehn hellsten Sterne des irdischen Himmels; ähnlich gut bestückt ist nur noch das Sternbild Zentaur, das aber in unseren mitteleuropäischen Breiten nicht zu sehen ist.

Beobachter mit einem Fernglas finden unterhalb der drei Gürtelsterne ein leuchtendes Nebelwölkchen – den Orionnebel. Er ist etwa 1400 Lichtjahre entfernt und gilt als Sternenfabrik, denn dort entstehen auch heute noch neue Sterne aus einer riesigen Gas- und Staubwolke.

Auch beim Orion sind die einzelnen Sterne übrigens recht unterschiedlich weit von uns entfernt: Der rechte Schulterstern Bellatrix 240 Lichtjahre, der linke, rötliche Hauptstern Beteigeuze 430, der rechte Fußstern Rigel 800 und die drei Gürtelsterne von links nach rechts 800, 1300 und 900 Lichtjahre. Wir sehen sie von der Erde aus nur zufällig in der gleichen Richtung am Himmel und haben sie deshalb zu einem Sternbild gruppiert.

Nicht annähernd so weit entfernt stehen dagegen die helleren Sterne im Fuhrmann, der oberhalb von Orion und Stier hoch im Südosten zu finden ist: Von Kapella trennen uns nur 42 Lichtjahre, von Menkalinan, ihrem linken Nachbarn, 82, und selbst Hassaleh, die rechte untere Ecke (unter dem „m" von Fuhrmann) steht nur rund 500 Lichtjahre entfernt. Beachtlich allerdings ist die Entfernung von ε (epsilon) an der Spitze der kleinen Sterngruppe rechts unterhalb von Kapella: Seine Entfernung wurde von dem Hipparcos-Satelliten zu etwa 2000 Lichtjahren gemessen. Wenn er trotzdem als Stern der dritten Größenklasse erscheint, muß er in Wirklichkeit extrem viel Licht aussenden, weit mehr jedenfalls als unsere Sonne, die über eine solche Distanz nur noch in einem großen Fernrohr zu erkennen wäre.

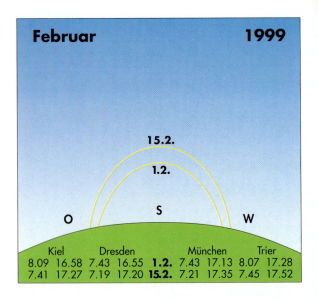
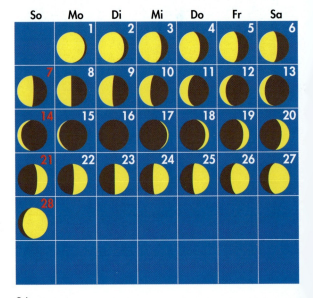

Planetenlauf

Abendhimmel · Morgenhimmel

Merkur steht am 4.2. in Konjunktion mit der Sonne, entfernt sich aber bis zum Monatsende so weit nach Osten, daß er dann am Abendhimmel auftaucht.

Venus vergrößert ihren Winkelabstand zur Sonne nur langsam und rückt zugleich näher an Jupiter heran, mit dem sie zum Monatsende ein reizvolles Paar bildet.

Mars wechselt zur Monatsmitte von der Jungfrau in das Sternbild Waage und verlegt seinen Aufgang in die Zeit vor Mitternacht.

Jupiter verabschiedet sich langsam: er wird allmählich von der Sonne eingeholt und steht zuletzt unweit der hellen Venus nur noch 23 Grad östlich von ihr.

Saturn im Ostteil der Fische hält sich noch am Abendhimmel; in der sternarmen Region ist er leicht zu finden. Seine Glanzzeit geht aber ebenfalls bald zu Ende.

Uranus wird am 2.2. von der Sonne eingeholt; er steht dann in Konjunktion mit ihr und bleibt daher auch in diesem Monat unsichtbar am Taghimmel.

Konstellationen und Ereignisse
(alle Angaben in MEZ)

2.2.	3^h	Uranus in Konjunktion
4.2.	6^h	Merkur in oberer Konjunktion
7.2.	5^h	Mond 2,5 Grad nördlich von Mars
16.2.	18^h	Ringförmige Sonnenfinsternis in Australien
18.2.	19^h	Mond 5,5 Grad östlich von Venus
18.2.	19^h	Mond 2,5 Grad südlich von Jupiter
20.2.	19^h	Mond 3 Grad südöstlich von Saturn
23.2.	19^h	Venus 0,15 Grad nordwestlich von Jupiter
28.2.	22^h	Merkur in Sonnennähe (46 Mio. km)

Algol-Minima: 6.2.: 2^h55^m, 8.2.: 23^h44^m, 11.2.: 20^h33^m

Im **Februar** läßt die deutlich wachsende Mittagshöhe der Sonne zwar schon den nahen Frühling erahnen, doch am abendlichen Himmel entfalten die Wintersternbilder zur gewohnten Beobachtungszeit erst jetzt ihre volle Pracht am Südhimmel. Zu keiner anderen Jahreszeit präsentiert der Himmel so viele helle Sterne gleichzeitig und dazu noch solch einprägsame Sternbildmuster. Der Himmelsjäger Orion mit Rigel sowie Beteigeuze und die drei Gürtelsterne wurden schon im Vormonat etwas ausführlicher beschrieben; das gilt auch für den Fuhrmann mit der hellen Kapella, dessen Sterne – zusammen mit dem nördlichen Stierhorn – ein auffälliges Fünfeck bilden (früher wurde Elnath tatsächlich zum Fuhrmann gezählt); gemeinsam mit dem Stier haben sie die Nord-Süd-Linie bereits überschritten.

Östlich davon, aber auch schon fast auf ihrer nächtlichen Wanderung, stehen die beiden Zwillinge mit Kastor und Pollux, außerdem der Kleine Hund mit Prokyon und – näher zum Horizont – der Große Hund mit Sirius, dem hellsten Stern am irdischen Himmel überhaupt.

Beide Hunde waren schon in der griechischen Mythologie die Begleiter des Himmelsjägers Orion; am Sternhimmel stellen sie dem Hasen nach, der rechts vom Großen Hund, zu Füßen des Orion, zu finden ist. Allerdings muß man eine kalte, klare Winternacht abwarten, um den Großen Hund und seine Beute in allen Einzelheiten (einschließlich der aufgestellten Löffel) erkennen zu können.

Zwischen Großem und Kleinem Hund erstreckt sich am Himmel das Sternbild Einhorn, das allerdings nur Sterne der vierten Größenklasse und darunter enthält; da es ohnehin schwerfiele, die Umrisse dieser sagenumwobenen Kreatur am Himmel wiederzufinden, sind sie in der Sternkarte erst gar nicht enthalten. Auch der Luchs, der sich hoch am Osthimmel zwischen dem Großen Bär/Großen Wagen auf der einen Seite und den Sternbildern Fuhrmann, Zwillinge und Krebs auf der anderen Seite erstreckt, ist nicht leicht zu erkennen – man braucht gleichsam Luchsaugen, um das Sternbild zu finden.

Selbst der Krebs, als Ekliptiksternbild recht bekannt, erweist sich am Himmel als ein schwieriges Sternbild. Hier aber läßt sich noch eher ein „Muster" erkennen, erinnert der Krebs doch an ein auf dem Kopf stehendes Y. Dort, wo sich die drei Äste treffen, kann man von einem dunklen Standort aus einen blassen Lichtschimmer erkennen. Ein Fernglas weist dieses Objekt als Sternhaufen aus, die Praesepe (Futterkrippe) in rund 580 Lichtjahren Entfernung (siehe auch *Was tut sich am Himmel 1997/98*).

Von den Planeten ist zur gewohnten Beobachtungszeit gegen 21 Uhr zur Monatsmitte nur noch der Saturn tief im Südwesten zu beobachten. In den Stunden davor kann man dort auch noch Venus und Jupiter finden.

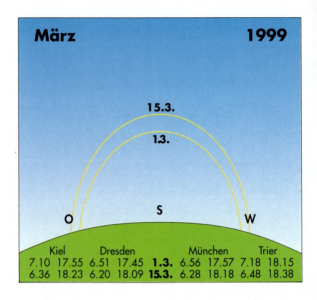
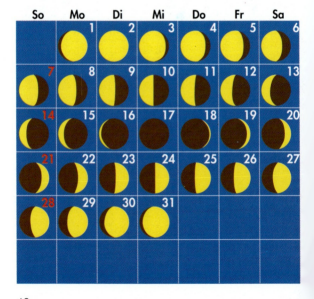

Planetenlauf

Abendhimmel　　　　　　　　　　　　Morgenhimmel

Merkur erreicht am 3.3. eine größte östliche Elongation und ist für einige Tage am Abendhimmel zu finden. Schon am 19.3. steht er wieder in Konjunktion mit der Sonne.

Venus läuft der Sonne nach Osten voraus und baut damit ihren Winkelabstand zur Sonne weiter aus; im Laufe des Monats passiert sie den langsameren Saturn.

Mars kehrt im Sternbild Waage seine Bewegungsrichtung um und beginnt seine diesjährige Oppositionsschleife, die ihn in eine günstigere Beobachtungsposition bringt.

Jupiter wird zwar erst am 1.4. von der Sonne eingeholt, steht aber schon den ganzen Monat über unsichtbar mit ihr am Taghimmel.

Saturn wechselt zum Monatsende noch in das Sternbild Widder, geht aber zugleich immer früher unter und zieht sich allmählich vom Abendhimmel zurück.

Uranus stand im Vormonat in Konjunktion mit der Sonne und hat sich noch nicht weit genug von ihr entfernt, um bereits wieder beobachtet werden zu können.

Konstellationen und Ereignisse
(alle Angaben in MEZ)

3.3.	14^h	Merkur in gr. östl. Elongation (18 Grad)
7.3.	5^h	Mond 2 Grad nördlich von Mars
9.3.	22^h	Merkur im Stillstand, anschl. rückläufig
18.3.	11^h	Mars im Stillstand, anschl. rückläufig
19.3.	20^h	Merkur in unterer Konjunktion
19.3.	20^h	Mond 8 Grad südwestlich von Venus
19.3.	20^h	Mond 7,5 Grad südwestlich von Saturn
20.3.	20^h	Venus 2,5 Grad nördlich von Saturn
21.3.	2^h46^m	Sonne im Frühlingspunkt, Frühlingsanfang

Algol-Minima: 1.3.: 1^h29^m, 3.3.: 22^h18^m, 6.3.: 19^h08^m, 24.3.: 0^h03^m, 26.3.: 20^h52^m

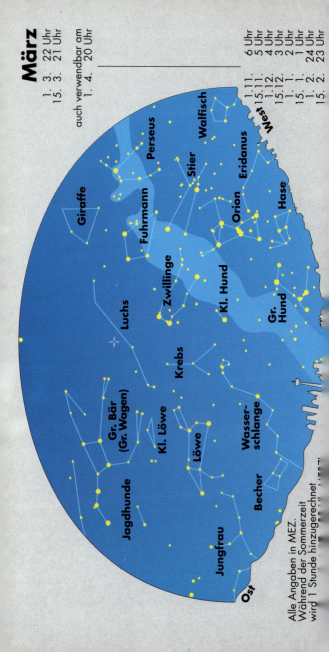

Im **März** überschreitet die Sonne auf ihrer scheinbaren Jahresbahn den Himmelsäquator nach Norden und läutet damit das Halbjahr der kurzen Nächte ein – am Monatsende bleiben halbwegs ausreichender Dunkelheit zur Beobachtung des Sternhimmels.

Noch zeigt sich die Pracht des Winterhimmels in der Westhälfte; da können die nachrückenden Frühjahrssternbilder kaum mithalten. Der unscheinbare Krebs wurde bereits im Vormonat vorgestellt; auch die Wasserschlange, deren Kopf unterhalb des Krebses aus dem trüben Wasser aufragt, ist wenig hervorstechend; am aufgehellten Großstadthimmel kann es schwierig sein, die kleine Sterngruppe überhaupt zu identifizieren. Selbst Alphard, der hellste Stern dieser Figur (neben dem End-„e" der Wasserschlange) ist trotz seiner Zugehörigkeit zur zweiten Größenklasse nicht leicht zu finden; Alphard ist übrigens 180 Lichtjahre entfernt.

Oberhalb der Wasserschlange trifft der Blick auf den majestätischen Löwen mit dem hellen Regulus als Hauptstern. Der Name bedeutet soviel wie „Kleiner König" und spielt damit auf den Löwen als den König der Tiere an. Als die Babylonier vor rund 4500 Jahren ihre Sternbilder schufen, stand Regulus am nördlichsten Punkt der Ekliptik und war vor daher der König unter den Tierkreissternen. Jetzt mag man munter spekulieren, welche der beiden Bedeutungen die ursprünglichere ist.

Beim Löwen braucht man ausnahmsweise nicht sehr viel Phantasie, um die Umrisse der dargestellten Figur am Himmel wiederzufinden: Von Regulus aus erstreckt sich der Rumpf eines liegenden Löwen nach Südosten, und der Kopf mit der buschigen Mähne wird durch die sichelförmige Sternenreihe wiedergegeben. Damit wird dann auch verständlich, warum der äußerste linke (östliche) Stern den Namen Denebola trägt: Er kommt aus dem Arabischen und bedeutet soviel wie Schwanzstern. Während der Löwe im Südosten langsam immer höher klettert, steigt im Nordosten der Große Bär/Große Wagen empor. Er gehört zu den Sternbildern, die bei uns nicht untergehen und daher Zirkumpolarsternbilder genannt werden, weil man sie auf ihrer Bahn rund um den Himmelspol verfolgen kann.

In seiner gegenwärtigen Stellung wird deutlich, daß der Wagen nur den auffälligeren Teil des viel größeren Großen Bären darstellt: Dieses mächtige Tier streckt seine Vorder- und Hintertatzen in Richtung Zenit, und auch der Umriß des Kopfes ist über den beiden hinteren Kastensternen zu finden. Bis auf den vorderen Deichselstern und den hinteren oberen Kastenstern sind die helleren Sterne des Großen Wagens allesamt rund 80 Lichtjahre von uns entfernt; sie bilden einen Sternstrom, dessen Mitglieder sich gemeinsam durch das All bewegen.

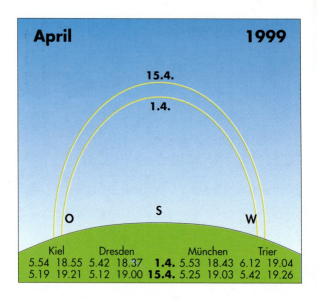
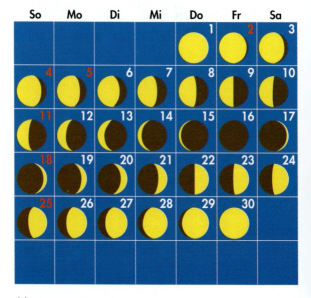

Planetenlauf

Abendhimmel   Morgenhimmel

Merkur erreicht zwar am 16.4. eine größte westliche Elongation (27 Grad), steht aber viel südlicher als die Sonne und kann sich daher am Morgenhimmel nicht durchsetzen.

Venus wechselt auf ihrem Weg entlang der Ekliptik in das Sternbild Stier und zieht am 11.4. knapp 3 Grad südlich der Plejaden vorbei.

Mars kommt am 24.4. in Opposition zur Sonne und ist im Sternbild Jungfrau die ganze Nacht hindurch zu sehen; der Abstand zur Erde schrumpft auf rund 86,5 Mio. km.

Jupiter wird am 1.4. von der Sonne eingeholt und bleibt entsprechend den ganzen Monat hindurch unsichtbar mit ihr am Taghimmel.

Saturn steht am 27.4. in Konjunktion mit der Sonne und bleibt ebenfalls den ganzen Monat hindurch unsichtbar; sein Abstand zur Erde erreicht 1,53 Mrd. km.

Uranus kann mit etwas Glück in der zweiten Monatshälfte am Morgenhimmel gefunden werden; er geht dann etwa drei Stunden vor der Sonne auf.

Konstellationen und Ereignisse
(alle Angaben in MEZ)

1.4.	7^h	Merkur im Stillstand, anschl. rechtläufig
1.4.	7^h	Jupiter in Konjunktion
3.4.	4^h	Mond 4 Grad nordwestlich von Mars
13.4.	22^h	Merkur in Sonnenferne (69,8 Mio. km)
16.4.	17^h	Merkur in gr. westl. Elongation (28 Grad)
18.4.	21^h	Mond 7,5 Grad südlich von Venus
20.4.	7^h	Venus in Sonnennähe (107,5 Mio. km)
24.4.	19^h	Mars in Opposition
27.4.	12^h	Saturn in Konjunktion
29.4.	22^h	Mond 3 Grad nördlich von Mars

Algol-Minima: 15.4.: 22^h37^m, 18.4.: 19^h26^m

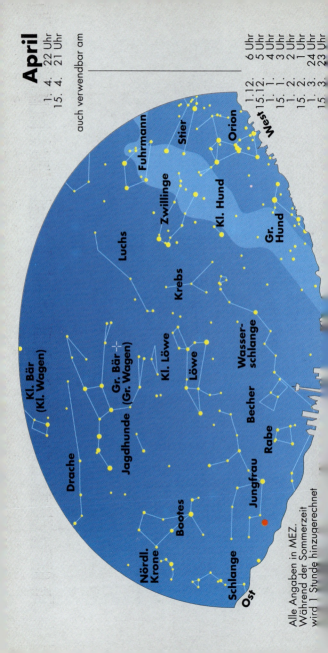

Da im **April** wieder die Sommerzeit regiert, müssen wir uns abends eine Stunde länger gedulden, ehe die Sterne am Himmel auftauchen. Zum Glück ist es in diesem Monat noch zur gewohnten Beobachtungszeit (21 Uhr **MEZ** zur Monatsmitte – also erst um **22 Uhr MESZ**) bereits dunkel, aber bald wird sich zusätzlich auch noch der zunehmend spätere Sonnenuntergang bemerkbar machen.

Im Südwesten und Westen können wir noch einen letzten Blick auf den Winterhimmel werfen, doch die an hellen Sternen so reiche Region wird bald verschwinden. Dafür ist jetzt die Gruppe der Frühjahrssternbilder vollständig im Süden und Südosten versammelt: Der unscheinbare Krebs hat die Nord-Süd-Linie bereits überschritten, der majestätische Löwe erreicht mit Regulus soeben gerade den höchsten Punkt (er kulminiert), und ihm folgt im Südosten als drittes Tierkreissternbild die Jungfrau mit der hellen Spica – kein sehr auffälliges Sternbild zwar, dafür aber eines der größten: Mit einer Himmelsfläche von fast 1300 Quadratgrad steht die Jungfrau mit Rang 2, nach nur der Großen Bären; kein Wunder, daß die Sonne auf ihrer scheinbaren Jahresbahn immerhin fast anderthalb Monate braucht, um dieses Sternbild zu durchqueren.

Weiter nach Osten und etwa doppelt so hoch wie Spica leuchtet der orangerötliche Arktur, Hauptstern im Rinderhirten Bootes. Zusammen mit Spica und Regulus bildet er ein großes Dreieck, das mitunter auch als Frühlingsdreieck bezeichnet wird. Arktur ist mit 36,5 Lichtjahren Entfernung der nächste dieser drei Sterne; das Licht von Regulus braucht 77 Jahre bis zu uns, das von Spica sogar 260.

Muphrid, der rechte Nachbarstern von Arktur, ist ebenfalls 36,5 Lichtjahre von uns entfernt. Beide stehen also auch räumlich recht nahe beieinander – etwa 3,1 Lichtjahre; von Muphrid aus erscheine Arktur daher noch deutlich heller als die Venus am irdischen Himmel. Und wie hell Venus bei uns leuchtet, kann man jetzt sehr schön am Abendhimmel sehen: Dort wandert sie in diesem Monat durch das Sternbild Stier. Auch ihr „Gegenspieler" Mars taucht zur gewohnten Beobachtungszeit im Osten auf und erreicht im Sternbild Jungfrau seine Oppositionsstellung, kann also die ganze Nacht hindurch in günstiger Position beobachtet werden.

Hoch über unseren Köpfen strebt der Große Bär/Große Wagen jetzt seiner Höchststellung entgegen, die ihn bis fast ins Zenit trägt; auf der himmlischen Straße scheint er jetzt kopfüber zu rollen. Ihm voraus eilt – gut getarnt, weil kaum zu erkennen – der Luchs, der im Nordwesten schon wieder mit dem Abstieg begonnen hat. Er schließt die Lücke zwischen dem Großen Bären/Großen Wagen einerseits und dem Fuhrmann samt Zwillingen andererseits, eine Lücke, die sich bis tief zum Nordwesthorizont erstreckt.

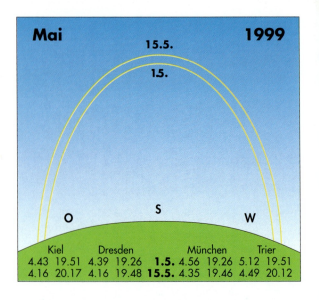
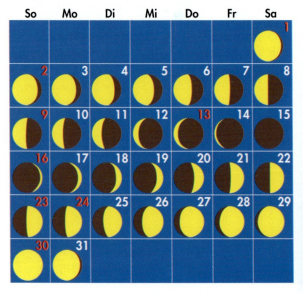

Planetenlauf

Abendhimmel   Morgenhimmel

Merkur steht am 25.5. in Konjunktion mit der Sonne und hält sich den ganzen Monat in ihrer Nähe auf, so daß er unsichtbar bleibt.

Venus wechselt in das Sternbild Zwillinge und ist am Monatsende unterhalb von Kastor und Pollux zu finden, mit denen sie ein täglich anderes Dreieck bildet.

Mars wandert im Zuge seiner Oppositionsschleife rückläufig wieder auf Spica zu, den Hauptstern der Jungfrau, tritt zuletzt aber nordöstlich von ihr auf der Stelle.

Jupiter taucht nach seiner Konjunktion im Vormonat wieder am Morgenhimmel auf und ist dann im Ostteil der Fische unumstrittener Glanzpunkt.

Saturn bleibt zwar langsam hinter der Sonne zurück, kann sich aber nach der Konjunktion im Vormonat noch nicht aus der Morgendämmerung lösen.

Uranus geht inzwischen mehr als vier Stunden vor der Sonne auf und sollte mit einem Fernglas im Sternbild Steinbock zu finden sein.

Konstellationen und Ereignisse
(alle Angaben in MEZ)

1.5.	18^h	Mars in Erdnähe
18.5.	22^h	Mond 7 Grad südöstlich von Venus
20.5.	11^h	Jupiter in Sonnennähe (740,5 Mio. km)
22.5.	5^h	Uranus im Stillstand, anschl. rückläufig
25.5.	19^h	Merkur in oberer Konjunktion
26.5.	22^h	Mond 5,5 Grad nordöstlich von Mars
27.5.	21^h	Merkur in Sonnennähe (46 Mio. km)

Zum Monatsende beginnt die Zeit der hellen Nächte, in denen die Sonne weniger als 18 Grad unter den Horizont sinkt, so daß es nicht mehr „astronomisch dunkel" wird.

Algol-Minima: 3.5.: 3^{h}31^m, 23.5.: 5^{h}14^m

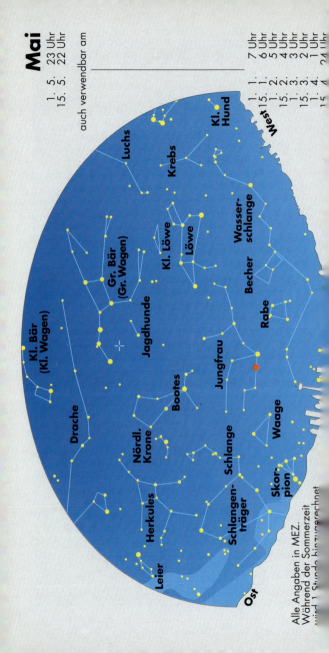

Im **Mai** wird die Geduld der Himmelsbeobachter immer stärker strapaziert: Da die Sonne auf ihrer scheinbaren Jahresbahn immer weiter nach Norden vordringt, wächst auch ihr Tagbogen, und entsprechend spät wird es bei uns dunkel. Um den 10. Mai herum beginnt zunächst im Norden, später auch weiter südlich, sogar die Zeit der hellen Nächte, in denen die Sonne gar nicht mehr weit genug unter den Horizont sinkt. Man kann am mehr oder minder hellen Dämmerschein ihre nächtliche Wanderung zum Aufgangspunkt im Nordosten verfolgen. Damit es zumindest einigermaßen dunkel ist, zeigt die Karte in den Monaten Mai bis Juli den Anblick des Himmels zur Monatsmitte um 22 Uhr MEZ (= 23 Uhr MESZ), am Monatsanfang entsprechend eine Stunde später.

Um diese Zeit künden nur noch die Zwillinge im Westen sowie die helle Kapella als Hauptstern im Fuhrmann (beide außerhalb der Karte) von der vergangenen Pracht des Winterhimmels (und werden dabei in diesen Wochen noch durch die helle Venus unterstützt). Am Süd- und Südwesthimmel dagegen finden wir das große Frühlingsdreieck aus Regulus im Löwen, Spica in der Jungfrau und Arktur im Bootes, das aber außer diesen drei Eckpunkten kaum weitere helle Sterne enthält. Auch der horizontnahe Bereich in dieser Himmelsregion kann dazu wenig beitragen, denn sowohl die Wasserschlange, die sich jetzt fast in voller Länge vom Westen bis zum Südosten erstreckt, als auch Becher und Rabe auf ihrem Rücken enthalten kaum Sterne der dritten, geschweige denn zweiten Größenklasse.

Und der „Nachschub" im Osten und Südosten sorgt auch nicht gerade für Verstärkung: Dort ziehen mittlerweile die Großfiguren des frühsommerlichen Sternhimmels auf, der Herkules und der Schlangenträger, die zusammen lediglich vier Sterne der zweiten Größenklasse beisteuern. Sie haben es wirklich nicht leicht, sich am noch lange aufgehellten abendlichen Frühsommerhimmel durchzusetzen.

Zwischen Bootes und Herkules spannt sich die kleine Bogen der Nördlichen Krone. Gemma, ihr Hauptstern, ist 75 Lichtjahre entfernt; das Licht der anderen „Kronjuwelen" braucht zwischen 115 und 310 Jahre bis zu uns.

Unterhalb der Nördlichen Krone beginnt das Sternbild Schlange – oder besser: der „Kopf der Schlange" (der Schlangenschwanz schließt sich im Osten an den Schlangenträger an), und weiter nach rechts unten trifft der Blick auf die Waage, die zu den Ekliptiksternbildern gehört. Ihr Hauptstern, Zubenelgenubi, erweist sich im Fernglas bei schwacher Vergrößerung als doppelt; wenn der Begleiter nicht so lichtschwach wäre, könnte man ihn sogar mit bloßem Auge leicht als engen Nachbarstern erkennen – so aber stellt dieses Paar eine Herausforderung an die Sehkraft der Augen dar.

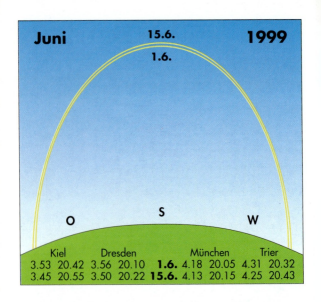

	Kiel		Dresden			München		Trier	
	3.53	20.42	3.56	20.10	**1.6.**	4.18	20.05	4.31	20.32
	3.45	20.55	3.50	20.22	**15.6.**	4.13	20.15	4.25	20.43

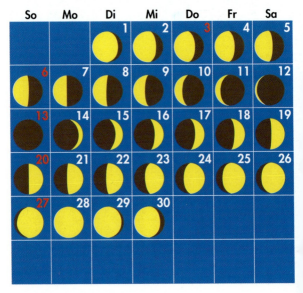

Planetenlauf

Abendhimmel   Morgenhimmel

Merkur erreicht zwar am 28.6. eine größte östliche Elongation (27 Grad), taucht aber in der horizontnahen Dunstschicht unter, ehe es ausreichend dunkel genug ist.

Venus erreicht am 11.6. ihre größte östliche Elongation (45 Grad) und geht dann immerhin drei Stunden nach der Sonne unter. Sie bleibt den ganzen Monat Abendstern.

Mars beendet am 6.6. seine diesjährige Oppositionsschleife und rückt langsam wieder von Spica in der Jungfrau ab, bleibt aber bis in die frühen Morgenstunden zu sehen.

Jupiter arbeitet sich allmählich bis an die Grenze zum Sternbild Widder vor; dabei schrumpft sein Abstand zum langsameren Saturn auf 14 Grad.

Saturn geht nun immer früher auf und steigt zuletzt fast drei Stunden vor der Sonne im Nordosten empor, so daß er jetzt wieder leicht zu finden ist.

Uranus kehrt seine Bewegungsrichtung um und beginnt mit der diesjährigen Oppositionsschleife. Im Sternbild Steinbock ist er mit einem Fernglas zu erkennen.

Konstellationen und Ereignisse
(alle Angaben in MEZ)

5.6.	8^h	Mars im Stillstand, anschl. rechtläufig
10.6.	3^h	Mond 4,5 Grad südöstlich von Jupiter
11.6.	13^h	Venus in gr. östl. Elongation (45 Grad)
17.6.	22^h	Mond 5 Grad südwestlich von Venus
21.6.	$20^h 50^m$	Sommersonnenwende, Sommeranfang
22.6.	22^h	Mond 5,5 Grad nördlich von Mars
28.6.	24^h	Merkur in gr. östl. Elongation (26 Grad)

Den ganzen Monat über sinkt die Sonne für Orte nördlich des 50. Breitengrades nicht mehr genug unter den Horizont, um es „astronomisch dunkel" werden zu lassen.

Algol-Minima: 15.6.: $3^h 44^m$

Wer im **Juni** den Sternhimmel betrachten möchte, hat eigentlich erst in der letzten Stunde vor Mitternacht Gelegenheit dazu; selbst dann aber ist es noch nicht völlig dunkel, so daß die dunkleren Sterne noch kaum zu erkennen sind. Im Osten, wo die Dunkelheit schon am größten ist, leuchten die drei Eckpunkte des großen Sommerdreiecks: Wega, die mehr als 50 Grad Höhe über dem Horizont erreicht hat, Deneb auf etwa 40 Grad Höhe, Atair bei rund 20 Grad (vom Horizont bis zum Zenit spannt sich ein Winkel von 90 Grad); alle drei gehören zu den 20 hellsten Sternen am irdischen Himmel. Das spitze Dreieck, das zum südöstlichen Horizont zeigt, ist fast gleichschenklig – Atair ist von Wega etwa 34 Grad entfernt, von Deneb rund 38 Grad.

Heller als Wega ist am nördlichen Himmel nur noch Arktur, Hauptstern im Bootes, der unseren Blick nach Südwesten auf die Frühlingssternbilder lenkt. Sie haben mit dem Rückzug begonnen:

Der Löwe kauert „sprungbereit" über dem Westhorizont, und von der Wasserschlange ragt nur noch der hintere Teil empor.

Ziemlich im Süden steht jetzt das Sternbild Waage, während links darunter schon ein Teil des Skorpions mit der rötlichen Antares, dem Hauptstern dieser Figur, aufgegangen ist. Der Skorpion gehört – ebenso wie Waage, Jungfrau und Löwe – zu den Ekliptiksternbildern, durch die einmal im Jahr die Sonne wandert; hier im Skorpion verweilt sie allerdings nur eine Woche, um dann in den Schlangenträger weiterzuziehen; der wiederum gehört offiziell gar nicht zu den Ekliptiksternbildern.

Der Schlangenträger erinnert an Äskulap, den griechischen Gott der Heilkunst. Am Himmel darüber erhebt sich der griechische Sagenheld Herkules; da beide Sternbilder kaum Sterne der zweiten Größenklasse enthalten, sind ihre Umrisse nicht leicht zu identifizieren. Noch am leichtesten findet man das zentrale Viereck des Herkules, etwa auf halbem Wege zwischen der Nördlichen Krone und der hellen Wega im Sternbild Leier. An seiner rechten Kante steht die kugelförmige Sternhaufen M 13, eine dichtgedrängte Ansammlung von einigen hunderttausend Sternen, die im Fernglas allerdings nur als nebliger Fleck erscheinen; das große Fernrohr einer Volkssternwarte dagegen kann zumindest die Randpartien dieser etwa 25 000 Lichtjahre entfernten Sterneninsel in Einzelsterne auflösen. Seit 1974 ist eine Radiobotschaft unterwegs dorthin, um möglichen Lebensformen Kunde von unserer Existenz zu überbringen.

Weiter nach Nordosten schließt sich der Drache an, dessen Kopf durch ein kleines Sternviereck markiert wird. Der Drachenkörper erstreckt sich von dort zunächst ein Stück weit in Richtung Horizont, knickt dann nach Südosten ab und windet sich schließlich in weitem Bogen rund um den Kleinen Bär/Kleinen Wagen samt Polarstern nach Nordwesten.

Juli 1999

Merkur eilt auf seinem Weg durch die Ekliptik der Sonne voraus, wird aber von ihr eingeholt und steht am 26.7. in Konjunktion. Er bleibt den ganzen Monat unsichtbar.

Venus wechselt ins Sternbild Löwe und zieht am 11.7. in einem Abstand von 1,6 Grad an Regulus vorbei. Die Sonne rückt langsam immer näher.

Mars wechselt zum zweiten Mal in diesem Jahr in das Sternbild Waage und zieht sich dabei allmählich auf die erste Nachthälfte zurück.

Jupiter verlegt seinen Aufgang immer näher an Mitternacht heran und steht morgens bei Dämmerungsbeginn schon hoch im Südosten.

Saturn steht zwar weiter östlich als Jupiter, geht aber trotzdem etwa zeitgleich mit ihm auf und ist wie jener Planet der zweiten Nachthälfte.

Uranus bewegt sich auf seiner Oppositionsschleife langsam in westlicher Richtung und ist zwischen den Sternen theta und iota im Steinbock zu finden.

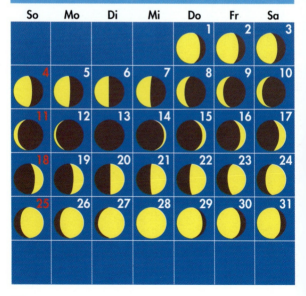

August 1999

Merkur bleibt hinter der Sonne zurück und erreicht am 14.8. eine größte westliche Elongation (19 Grad); das reicht für eine Morgensichtbarkeit.

Venus zieht sich endgültig vom Abendhimmel zurück und kann allenfalls noch am Monatsanfang gesehen werden. Am 20.8. steht sie in Konjunktion mit der Sonne.

Mars durchquert das Sternbild Waage in östlicher Richtung und nähert sich langsam dem rötlichen Antares im Skorpion.

Jupiter bremst seine ostwärts gerichtete Bewegung durch das Sternbild Widder ab und beginnt am 25.8. mit seiner diesjährigen Oppositionsschleife.

Saturn verlangsamt seine ostwärts gerichtete Bewegung durch das Sternbild Widder ebenfalls und tritt zum Monatsende fast auf der Stelle.

Uranus wandert noch immer rückläufig durch das Sternbild Steinbock und nähert sich dabei ganz allmählich dem Stern theta.

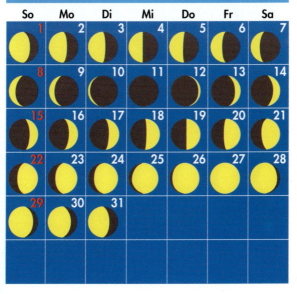

September 1999

Merkur eilt der Sonne auf seinem Weg durch die Ekliptik hinterher und holt sie am 8.9. ein; er bleibt während des ganzen Monats unsichtbar.

Venus bleibt immer weiter hinter der Sonne zurück und taucht am Morgenhimmel auf, wo sie zum zweiten Mal in diesem Jahr auf Regulus im Sternbild Löwe zuläuft.

Mars wandert Mitte des Monats rund 3 Grad nördlich an Antares vorbei und geht zuletzt bereits rund 2,5 Stunden nach der Sonne unter.

Jupiter bewegt sich rückläufig wieder auf das Sternbild Fische zu, wo er im nächsten Monat seine Oppositionsstellung erreichen wird.

Saturn bewegt sich etwa 12 Grad östlich von Jupiter ebenfalls rückläufig durch das Sternbild Widder, ist aber bei weitem nicht so hell wie jener.

Uranus verlangsamt seine westwärts gerichtete Bewegung allmählich und kündet damit das bevorstehende Ende der Oppositionsschleife an.

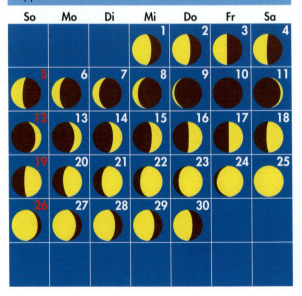

Oktober 1999

Merkur erreicht am 24.10. eine größte östliche Elongation zur Sonne, geht durch die weit südliche Stellung aber schon kurz nach der Sonne unter und bleibt unsichtbar.

Venus steht am 30.10. in größter westlicher Elongation zur Sonne und ist vor Sonnenaufgang strahlender Glanzpunkt am Morgenhimmel.

Mars ist am herbstlichen Abendhimmel kein auffälliges Beobachtungsobjekt mehr, zumal er bereits drei Stunden nach der Sonne untergeht.

Jupiter gelangt am 23.10. in Opposition zur Sonne und ist als leuchtender Punkt im Ostteil der Fische die ganze Nacht hindurch zu beobachten.

Saturn bewegt sich langsam rückläufig (in westlicher Richtung) durch das Sternbild Widder und ist bei Einbruch der Dunkelheit bereits im Nordosten zu finden.

Uranus kehrt seine Bewegungsrichtung um und beendet damit seine Oppositionsschleife rund 1 Grad westlich von theta im Steinbock.

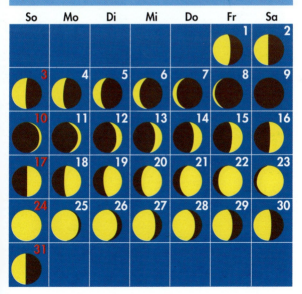

November 1999

Merkur eilt auf seinem Weg durch die Ekliptik der Sonne voraus, wird aber am 15.11. eingeholt und steht dann in Konjunktion mit der Sonne; er bleibt unsichtbar.

Venus vergrößert ihren Abstand zur Sonne auf über 40 Grad und geht zuletzt fast 4 Stunden vor der Sonne auf. Am Monatsende zieht sie nördlich an Spica vorbei.

Mars wechselt aus dem Schützen in den Steinbock und dehnt seine Sichtbarkeitsdauer noch einmal etwas aus; zuletzt geht er rund vier Stunden nach der Sonne unter.

Jupiter bewegt sich langsam rückläufig durch das Sternbild Fische und zieht am 10.11. in geringem Abstand am Stern omicron vorbei.

Saturn gelangt am 6.11. in Opposition zur Sonne und ist als Objekt der nullten Größenklasse im Sternbild Widder die ganze Nacht hindurch zu beobachten.

Uranus verlegt seinen Untergang in die frühen Abendstunden und ist entsprechend kein leichtes Beobachtungsobjekt mehr.

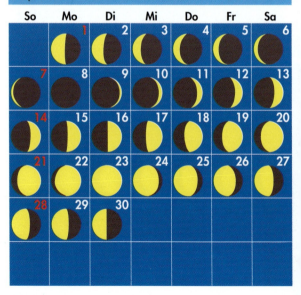

Dezember 1999

Merkur erreicht am 3.12. eine größte westliche Elongation und beschert uns dabei seine zweite Morgensichtbarkeit in diesem Jahr.

Venus eilt als Morgenstern aus der Jungfrau durch die Waage bis an die Grenze zum Skorpion, kann ihren Abstand zur Sonne aber nur geringfügig verkürzen.

Mars wandert durch den Steinbock bis in das Sternbild Wassermann und geht weiterhin fast vier Stunden nach der Sonne unter.

Jupiter kehrt am 21.12 seine Bewegungsrichtung um und wandert anschließend wieder langsam in östlicher Richtung auf Saturn zu.

Saturn bremst seine rückläufige, westwärts gerichtete Bewegung ab und kündet damit das Ende seiner diesjährigen Oppositionsschleife an.

Uranus zieht sich allmählich von der Himmelsbühne zurück. Nach Einbruch der Dunkelheit steht er kaum mehr 10 Grad über dem Horizont.

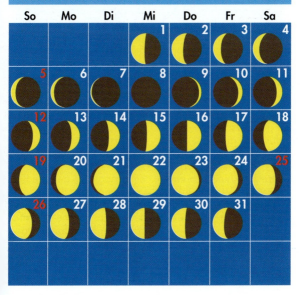

Zur Entstehung der Jahreszeiten

Nach dem regelmäßigen Wechsel von Tag und Nacht stellt die Abfolge der Jahreszeiten den wohl auffälligsten astronomischen Einfluß auf unser alltägliches Leben dar. Ihn spüren wir nicht nur direkt durch unterschiedliche Tagestemperaturen und Tageslängen, sondern können ihn auch indirekt in der Natur verfolgen, etwa am Laubstand der Bäume oder am Verhalten der Zugvögel. Selbst der Speisezettel wurde viele Jahrhunderte hindurch vom Wechsel der Jahreszeiten geprägt: So gab es frisches Gemüse nur im späten Frühjahr und im Sommer, während man sich den Rest des Jahres mit Kohl und anderen haltbaren Feldfrüchten behelfen mußte. Inzwischen sorgt ein globales Handelsnetz dafür, daß man fast alle saisongebundenen Obst- und Gemüsesorten das ganze Jahr hindurch kaufen kann, und Tiefkühltruhen ermöglichen uns eine (fast) unbegrenzte Lagerung von im eigenen Garten gereiften Früchten. Unsere steinzeitlichen Vorfahren konnten sich diesen regelmäßigen Wechsel von Frühling, Sommer, Herbst und Winter nur durch den Einfluß der Götter erklären. In ihrer Vorstellung waren einzig solche überirdischen Mächte fähig, die an sich unveränderlichen himmlischen Objekte zu bewegen; wer immer nach den Sternen greifen wollte, um es den Göttern gleichzutun, mußte kläglich scheitern.

Allerdings schienen diese Götter durchaus menschliche Züge zu besitzen; zumindest waren sie sehr launisch und entzogen den Menschen immer wieder ihre Gunst, indem sie das Antlitz des Mondes oder die Mittagshöhe der Sonne schrumpfen ließen. So mußte man versuchen, durch Opfergaben das Wohlwollen der Götter zu erlangen. Um die dabei entscheidenden Termine nicht zu verpassen, wurden an vielen Stellen Observatorien errichtet, die eine möglichst genaue Beobachtung von Sonne und Mond erlaubten; nicht auszudenken, welche Katastrophe man heraufbeschwören würde, wenn man zum Beispiel die Sonne im Winter nicht rechtzeitig zur Umkehr bewegen könnte.

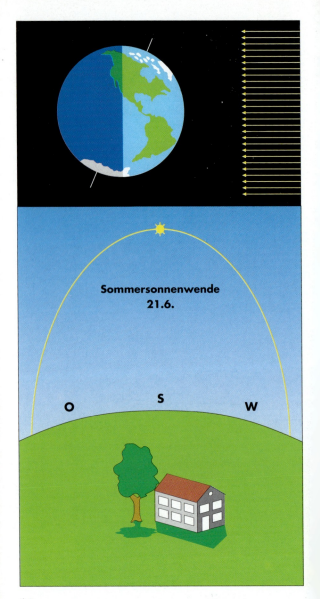

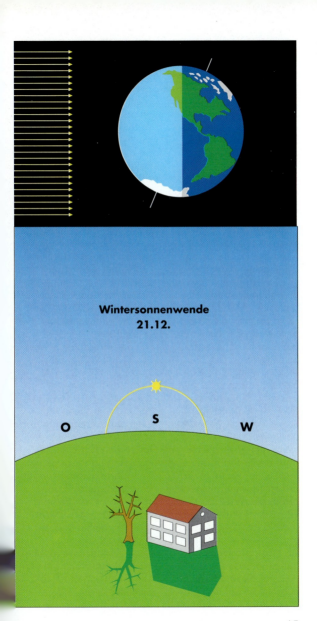

Die Steinringe von Stonehenge im Südwesten Englands sind das vielleicht bekannteste Beispiel für ein solches steinzeitliches Sonnenobservatorium.

Entscheidend ist die Schiefstellung der Erdachse

Heute wissen wir, daß der regelmäßige Wechsel von Frühling, Sommer, Herbst und Winter auch ohne die entsprechenden Opfergaben ganz von alleine funktioniert. Die Sonne spielt dabei eine eher passive Rolle. Ihr Auf und Ab im Laufe eines Jahres ergibt sich vielmehr zwingend aus der endlosen Bewegung der Erde um die Sonne und aus der Schiefstellung der Erdachse, die jeder Globus zeigt: Sie ist die wesentliche Voraussetzung für die Entstehung der Jahreszeiten. Schief steht die Erdachse übrigens relativ zur Erdbahnebene; vergleicht man die Erdbahn mit einer Straße, so erscheint die Erdachse wie ein Laternenpfahl, der einem Auto im Weg stand und nun um immerhin fast 23,5 Grad aus der Senkrechten geneigt ist. Während eines Umlaufs der Erde um die Sonne zeigt diese schiefe Erdachse stets auf den gleichen Punkt am Himmel. Davon kann man sich am Nachthimmel leicht überzeugen, denn der „Angelpunkt" des Himmels, der recht genau durch den Polarstern markiert wird, steht das ganze Jahr hindurch unverrückbar immer an der gleichen Stelle. Relativ zur Sonne verändert sich die Ausrichtung der Erdachse allerdings während eines Jahres: Im Nordsommer ist die Nordhalbkugel der Sonne zugewandt (Seite 64), im Nordwinter dagegen die Südhalbkugel (Seite 65) – bekanntlich fällt der Nordwinter mit dem Südsommer zusammen und der Nordsommer mit dem Südwinter.

Mit der Ausrichtung relativ zur Sonne verändert sich auch der Winkel, unter dem das Sonnenlicht auf die entsprechende Region der Erdoberfläche trifft. Die Folge kennt jeder, der schon einmal vor einem lodernden Kaminfeuer gesessen oder am glühenden Gartengrill gestanden hat, aus eigener Erfahrung: Vorne wird einem ganz schön warm, während die Seiten und erst recht die Rückseite im Vergleich dazu angenehm kühl oder gar kalt bleiben. Die Erklärung dafür fällt nicht schwer: Auf der Vorderseite treffen die

Wärmestrahlen nahezu senkrecht auf unsere Haut, an den Seiten dagegen eher streifend und hinten überhaupt nicht.
Zeigt nun die Nordhalbkugel der Erde in Richtung Sonne, so trifft das Sonnenlicht steiler auf, und die Wärmeeinstrahlung ist wesentlich größer als dann, wenn die Sonnenstrahlen nur unter einem flachen Winkel ankommen. Der Unterschied ist beträchtlich: Zur Sommersonnenwende am 21. Juni erreicht die Sonne nun für einen Beobachter auf 50 Grad nördlicher Breite (der 50. Breitengrad verläuft „quer" durch Mainz) eine Mittagshöhe von 63,5 Grad, während sie zur Wintersonnenwende am 22. Dezember lediglich auf 16,5 Grad (oder nur gut ein Viertel der sommerlichen Mittagshöhe) steigt. Dadurch sinkt die Sonneneinstrahlung zum Winteranfang auf weniger als ein Drittel des sommerlichen Höchstwertes. Dabei ist die Abschwächung der Sonnenstrahlung innerhalb der Erdatmosphäre noch gar nicht berücksichtigt, und die fällt im Winter wegen des flacheren Win-

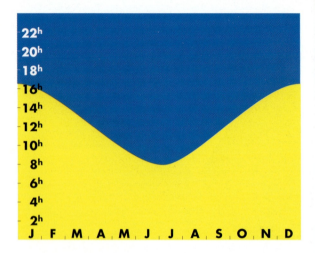

kels (und des deshalb längeren Lichtweges durch die Atmosphäre) viel stärker aus als im Sommer, so daß die Sonneneinstrahlung zur Wintersonnenwende bei uns lediglich ein Zehntel des sommerlichen Höchstwertes erreicht. Kein Wunder also, daß es dann in der Regel nicht so warm wird wie im Sommer.
Doch damit noch nicht genug. Die Sonne steigt im Winter ja nicht nur weniger hoch, sie scheint auch deutlich weniger lange als im Sommer: Der sogenannte Tagbogen, die Zeit zwischen Sonnenauf- und -untergang, beträgt am 22. Dezember für einen Ort auf dem 50. Breitengrad etwa 8 Stunden und 4 Minuten, ist am 21. Juni mit 16 Stunden und 22 Minuten dagegen mehr als doppelt so lang. Dadurch hat die stärker erwärmte Erdoberfläche im Sommer viel weniger Zeit zur nächtlichen Abkühlung als der nur schwach erwärmte Boden im Winter.
Angesichts solcher Unterschiede spielt der im Laufe eines Jahres leicht veränderliche Abstand zur Sonne keine wesentliche Rolle. Anfang Januar, also kurz nach der (nördlichen) Wintersonnenwende, wandert die Erde durch den sonnennächsten Punkt ihrer leicht elliptischen Bahn und ist dann nur noch rund 147,1 Millionen Kilometer von der Sonne entfernt; Anfang Juli, kurz nach der Sommersonnen-

wende, beträgt der Abstand im sonnenfernsten Bahnpunkt jedoch 152,1 Millionen Kilometer. Dort ist die Intensität der Sonneneinstrahlung lediglich knapp 7 Prozent geringer als im sonnennächsten Punkt Anfang Januar. Außerdem wird dieser ohnehin kaum nachweisbare Einfluß des wechselnden Sonnenabstandes gleichsam automatisch ausgeglichen. In Sonnenferne bewegt sich die Erde langsamer als in Sonnennähe, und so hat die im Nordsommer weiter entfernte Sonne ein paar Tage mehr Zeit zur Erwärmung der Nordhalbkugel als im Südsommer zur – dann geringfügig stärkeren – Erwärmung der Südhemisphäre: Der Nordsommer dauert 93,65 Tage, der Südsommer nur 89 Tage.

Ausgleichende Atmosphäre
Überlagert werden diese astronomischen Vorgaben allerdings durch den Einfluß der irdischen Lufthülle, und das gleich in mehrfacher Hinsicht. Zum einen wirkt die Atmosphäre wie eine Isolierschicht, die die Abkühlung des tagsüber erwärmten Bodens verlangsamt; dieser Effekt wird durch eine dichte Wolkendecke noch verstärkt. Dadurch erscheint die jährliche Temperaturkurve gegenüber der Sonnenstandskurve zeitlich nach hinten verschoben: Die heißesten Sommertage treten gewöhnlich im Juli und August auf, wenn die Sonne sich schon längst wieder auf „dem absteigenden Ast" befindet, und die kältesten Winternächte werden meist im Januar oder Februar verzeichnet, wenn die Sonne schon mit dem „Wiederaufstieg" begonnen hat.

Erdähnlicher Mars
Jahreszeiten wie bei uns gibt es in ganz ähnlicher Form übrigens auch auf dem Mars, dem äußeren Nachbarplaneten der Erde, denn auch seine Achse ist um rund 24 Grad gekippt. Weil Mars für einen Umlauf um die Sonne fast zwei irdische Jahre benötigt, dauern die einzelnen Jahreszeiten allerdings entsprechend länger als bei uns. Darüber hinaus bewegt Mars sich auf einer wesentlich stärker elliptischen Bahn um die Sonne, so daß sein Sonnenabstand auch viel deutlicher schwankt: In Sonnenferne ist er mit rund 249 Millionen Kilometer um rund 21 Prozent weiter von der Sonne entfernt als in Sonnennähe (207 Millionen

Kilometer), und das führt zu einer um fast 50 Prozent geringeren Sonneneinstrahlung.

Ähnlich wie bei uns ist in Sonnenferne die Nordhalbkugel des Mars der Sonne zugewandt, so daß die Temperaturen im Nordsommer deutlich weniger ansteigen als im Südsommer. Anders als bei der Erde kann dieses Manko auf dem Mars nicht aufgefangen werden. Zwar dauert der Nordsommer wegen der in Sonnenferne langsameren Bewegung 183 irdische Tage, der Südsommer dagegen nur 154, doch weil die Marsatmosphäre wesentlich dünner ist als die irdische Lufthülle, vollzieht sich die nächtliche Abkühlung auf dem Mars viel rascher als auf der Erde, so daß auch die längere Dauer des nördlichen Sommers die geringere Sonneneinstrahlung nicht ausgleichen kann.

Nicht zuletzt deshalb schrumpft die nördliche Eiskappe nicht so stark zusammen wie ihr südliches Gegenstück im Südsommer und ist daher auch zu Beginn des Herbstes noch gut zu erkennen.

Die Sichtbarkeit der Planeten 1998/99 im Überblick

Der sonnennahe **Merkur** gilt mit Recht als schwieriges Beobachtungsobjekt: Er kann sich am Himmel nie sehr weit von der Sonne entfernen und bleibt daher meist in ihrem Glanz verborgen.

Wer Merkur sehen will, hat nur selten im Jahr dazu Gelegenheit, und das meist nur für ein paar Tage um die Termine der größten Elongationen, wenn der Planet am weitesten neben der Sonne steht – vorzugsweise im Frühjahr am Abend- und im Herbst am Morgenhimmel.

Gr. östl. Elong.	17. 7. 98
(27°, unsichtbar)	
Untere Konjunkt.	14. 8. 98
Gr. westl. Elong.	31. 8. 98
(18°, Morgenhimmel)	
Obere Konjunkt.	25. 9. 98
Gr. östl. Elong.	11. 11. 98
(23°, unsichtbar)	
Untere Konjunkt.	30.11.98
Gr. westl. Elong.	20. 12. 98
(22°, unsichtbar)	
Obere Konjunkt.	4. 2. 99
Gr. östl. Elong.	3. 3. 99
(18°, Abendhimmel)	
Untere Konjunkt.	19. 3. 99
Gr. westl. Elong.	17. 4. 99
(28°, unsichtbar)	
Obere Konjunkt.	25. 5. 99
Gr. östl. Elong.	29. 6. 99
(26°, unsichtbar)	

Venus ist nach Sonne und Mond das hellste Objekt am Himmel; entsprechend leicht kann man sie identifizieren. Zwar wandert die Venus auch noch innerhalb der Erdbahn um die Sonne, kann aber viel weiter von der Sonne abrücken als Merkur und erscheint dann am dunklen Morgen- oder Abendhimmel als strahlender Glanzpunkt. Ursache für diese große Helligkeit ist die dichte Wolkenhülle der Venus, die den größten Teil des auftreffenden Sonnenlichtes in den Weltraum zurückwirft.

Anfangs kann man die Venus noch am Morgenhimmel finden, doch um die Zeit der oberen Konjunktion im Herbst bleibt sie längere Zeit hindurch unsichtbar – sie zieht dann von uns aus gesehen jenseits der Sonne her und kann nur langsam einen ausreichend großen Vorsprung gewinnen. Erst zu Beginn des neuen Jahres erscheint sie dann wieder am Abendhimmel, wo sie ihre Sichtbarkeit bis zum Sommer weit ausbaut.

Ob. Konjunkt.	30. 10. 98
Gr. östl. Elong.	11. 6. 99
(45°, Morgenhimmel)	

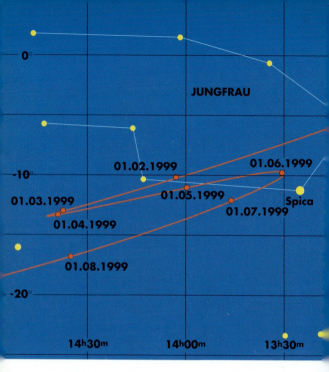

Der **Mars** ist unser äußerer Nachbarplanet: Er umrundet die Sonne auf einer ziemlich elliptischen Bahn zwischen etwa 207 Millionen und 249 Millionen Kilometern, ist im Schnitt also etwa 1,5mal so weit von der Sonne entfernt wie die Erde.

Weil er sich langsamer als die Erde bewegt und zudem einen weiteren Weg zurücklegen muß, wird er etwa alle 26 Monate von der Erde auf der Innenbahn überholt. Um die Zeit dieser Oppositionsstellung ist Mars dann für einige Wochen besonders gut zu beobachten: Er steht die ganze Nacht über am Himmel, und sein Abstand zur Erde schrumpft auf ein Minimum, so daß Mars während dieser Zeit auch besonders hell erscheint. Schon Monate vorher ist Mars am Morgenhimmel zu finden, wo er durch seine rötliche Färbung auffällt. Ab März 1999 taucht er dann vor Mitternacht am Osthimmel auf.

Konjunktion	12. 5. 98
Opposition	24. 4. 99

Jupiter ist der größte Planet im Sonnensystem; obwohl rund fünfmal so weit von der Sonne entfernt wie die Erde, erscheint er am irdischen Himmel noch heller als der Mars. Für einen Sonnenumlauf benötigt er zwölf Jahre, so daß er jedes Jahr ein Sternbild weiter nach Osten zieht. Derzeit wandert er durch die Fische auf den Widder zu und rückt dabei langsam näher an Saturn heran.
Opposition 16. 9. 98
Konjunktion 1. 4. 99

Saturn ist fast doppelt so weit von der Sonne entfernt wie Jupiter und wandert entsprechend langsamer durch die Sternbilder; dabei wechselt er von den Fischen zum Widder.
Opposition 23. 10. 98
Konjunktion 27. 4. 99

Uranus kann in den Monaten um seine Opposition mit einem lichtstarken Fernglas als grünlicher Lichtpunkt im Sternbild Steinbock erkannt werden.
Opposition 3. 8. 98
Konjunktion 2. 3. 99

Finsternislose Zeit

Sonnen- und Mondfinsternisse gehören ganz ohne Zweifel zu den faszinierendsten Schauspielen, die der Himmel zu bieten hat: Wenn es mitten am Tag plötzlich so dunkel wird, daß man neben der Sonne zumindest die helleren Sterne erkennen kann, oder wenn der Vollmond langsam fahl wird und schließlich blutrot erscheint, dann kann einem schon einmal ein kalter Schauer über den Rücken laufen.

Entsprechend wichtig erschien es unseren Vorfahren, das Auftreten einer solchen Finsternis frühzeitig voraussagen zu können: Wer auf ein derartiges Ereignis vorbereitet war, konnte sich dann darauf einstellen und die „Schrecksekunde" der Unwissenden für sich nutzen. So geschehen zum Beispiel am 28. Mai 585 vor unserer Zeitrechnung, als in Kleinasien Lyder und Meder in einer Schlacht aufeinanderprallten. Thales von Milet hatte für diesen Tag eine Sonnenfinsternis vorausgesagt und die griechischen Soldaten informiert, während die Meder sich unvorbereitet ins Kampfgetümmel stürzten. Entsprechend erschrocken reagierten sie, als die Finsternis hereinbrach: Ihre Gegner mußten sich mit den Göttern verbündet haben, wenn sie ein solches Zeichen des Himmels nicht schreckte. Der griechische Philosoph und Historiker Herodot schrieb rund 130 Jahre später: „Sie ließen daraufhin vom Kampfe ab und schlossen Frieden". Grundlage für die Voraussage des Thales von Milet dürfte der heute sogenannte Saroszyklus gewesen sein, den babylonische Himmelsbeobachter aus ihren viele Jahrhunderte überdeckenden Aufzeichnungen herausgelesen hatten: Sonnen- und Mondfinsternisse wiederholen sich unter ähnlichen Voraussetzungen nach jeweils rund 18 Jahren. Diese Periode ist leicht nachvollziehbar, wenn man sich kurz die Voraussetzungen für die Entstehung einer Finsternis in Erinnerung ruft. Zum einen muß der Mond in Neumond- (Sonnenfinsternis) oder Vollmondposition (Mondfinsternis) am Himmel stehen, zum anderen muß er sich auf seiner Bahn gerade in einem der beiden Knotenpunkte aufhalten; so bezeichnet man

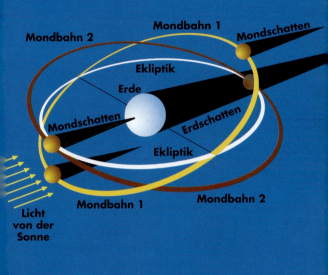

die Kreuzungspunkte von Mond- und Sonnenbahn. Die Mondbahn fällt nämlich nicht genau mit der Sonnenbahn oder Ekliptik zusammen, sondern ist um etwas mehr als 5 Grad dagegen geneigt. Dadurch wandert der Erdtrabant als Neumond oder Vollmond meist etwas oberhalb oder unterhalb der direkten Verbindungslinie Sonne-Erde hindurch, so daß sein Schatten an der Erde vorbeizieht oder der Mond selbst nicht in den Erdschatten eintaucht; umgekehrt passiert der Mond die beiden Bahnknoten zumeist fernab der direkten Verbindungslinie Sonne-Erde, so daß auch dann keine Finsternis eintreten kann (eine solche „unpassende" Bahn ist in der Grafik oben als gelbe Linie dargestellt).

Zum Glück verändert sich die Lage der Mondbahn im Raum ganz langsam, und so werden hin und wieder auch beide Voraussetzungen für die Entstehung einer Finsternis gleichzeitig erfüllt. Dies ist

mindestens zweimal pro Jahr der Fall und kann bis zu siebenmal eintreten. Der schon im Altertum bekannte Saroszyklus von rund 18 Jahren ergibt sich nun aus folgender Übereinstimmung: Ein synodischer Monat (die Zeit zwischen zwei Vollmond- oder Neumondphasen) dauert durchschnittlich 29,53058 Tage, während zwischen zwei Durchgängen durch den gleichen Bahnknoten (ein drakonitischer Monat) im Schnitt 27,21219 Tage vergehen.

So unterschiedlich die beiden Monatslängen erscheinen mögen: 223 synodische Monate sind insgesamt nur 43 Minuten kürzer als 242 drakonitische Monate, nämlich 6585,32 Tage gegenüber 6585,35 Tagen.
Nach diesem Zeitraum, der je nach Anzahl der zwischenzeitlich vergangenen Schaltjahre 18 Jahre und 10 oder 11 Tage umfaßt, wiederholen sich Sonnen- oder Mondfinsternisse unter recht ähnlichen Voraussetzungen; der Tagesbruch-

teil führt allerdings dazu, daß die jeweils nächste Finsternis aus einem Zyklus etwa einen drittel Tag, also 8 Stunden später, eintritt und entsprechend rund 120 Grad weiter westlich zu beobachten ist. So gab es zum Beispiel am 20. Juni 1955 eine totale Sonnenfinsternis von 7 Minuten 8 Sekunden in Südostasien (die längste totale Sonnenfinsternis in diesem Jahrhundert überhaupt); am 30. Juni 1973 zog der Mondschatten über Afrika hinweg und sorgte für eine Finsternis von 7 Minuten 4 Sekunden, und am 11. Juli 1991 dauerte die Finsternis in Mexiko 6 Minuten 53 Sekunden.

Warten auf den 11. 8. 1999

Nachdem uns die vergangenen zwei Jahre vier Mondfinsternisse und eine Sonnenfinsternis beschert haben, müssen wir diesmal auf ein solches kosmisches Schauspiel ganz verzichten. Zwar wandert der Mond auch weiterhin regelmäßig so zwischen Sonne und Erde hindurch, daß sein Schatten auf die Erde trifft, aber sowohl die Finsternis vom 22. August 1998 als auch jene vom 16. Februar 1999 sind bei uns nicht zu beobachten: Sie finden auf der „anderen Seite" der Erde statt, über Indonesien und Sumatra beziehungsweise über dem Indischen Ozean und Australien. Dagegen fallen Mondfinsternisse bis zum Juli 1999 ganz aus, und die nächste bei uns beobachtbare wird sogar erst am 21. Januar 2000 eintreten.

So bleibt uns – gleichsam als Trost – nur die Erwartung der nächsten Sonnenfinsternis am 11. August 1999, wenn – zum ersten und einzigen Mal in diesem Jahrhundert – der Kernschatten des Mondes quer über Süddeutschland hinwegziehen wird. Dann kann man um die Mittagszeit herum in einem mehr als hundert Kilometer breiten Streifen von Saarbrücken über Karlsruhe, Stuttgart, Augsburg und München und weiter nach Österreich hinein eine totale Sonnenfinsternis verfolgen.

In der Mitte des Mondschattens, auf der sogenannten Zentrallinie, wird die Sonne für mehr als 2 Minuten verfinstert; zum Rand hin nimmt die Totalitätsdauer dagegen immer stärker ab. Während dieser Zeit wird die Korona als grünlichgrauer Strahlenkranz rund um die „schwarze" Sonne auf-

leuchten und die Landschaft in ein fahles Licht tauchen, denn auch der Himmel selbst erscheint in der Umgebung der Sonne immerhin so dunkel, daß zumindest die hellsten Sterne und Planeten zu sehen sein werden.

Außerhalb der Kernschattenzone bleibt die Finsternis zwar nur partiell, aber selbst in Flensburg wird die Sonne noch zu mehr als 80 Prozent vom Mond bedeckt – genug, um auch dort noch eine merkliche Abnahme des Tageslichtes zu bewirken.

Die nachfolgende Tabelle nennt den Bedeckungsgrad für einige Städte in Deutschland:

Stadt	Bedeckungsgrad
Stralsund	81 %
Rostock	82 %
Wismar	83 %
Lübeck	84 %
Hamburg	85 %
Lüneburg	86 %
Bremen	87 %
Cottbus	88 %
Braunschweig	89 %
Osnabrück	90 %
Leipzig	91 %
Göttingen	92 %
Gelsenkirchen	93 %
Eisenach	94 %
Fulda	95 %
Köln	96 %
Frankfurt/Main	97 %
Darmstadt	98 %
Heidelberg	99 %
Stuttgart	100 %
Kempten/Allgäu	99 %
Konstanz	98 %
Lörrach	97 %

Wenn der Mond die Sterne frißt

In einem bekannten Volkslied wird der Mond als Schäfer besungen, der seine Sternenschäfchen hütet. Was die wenigsten wissen: Der Schäfer erscheint oft genug eher als „Wolf im Schafspelz", denn nahezu täglich versucht er, das eine oder andere seiner Schäfchen zu verschlingen. Da der Mond uns von allen Himmelsobjekten am nächsten steht, muß er auf seiner Bahn um die Erde vor all diesen anderen Himmelskörpern (Planeten, Sterne und sonstige Objekte) herziehen. Wie oft dies – von den meisten Himmelsbeobachtern unbemerkt – geschieht, kann man leicht abschätzen: Der Mond erfüllt am Himmel eine Fläche von etwa einem viertel Quadratgrad, und weil er sich im Schnitt um rund 13 Grad pro Tag voranbewegt, überstreicht er innerhalb dieser Zeit eine Fläche von 3 Quadratgrad, nicht mehr als rund ein Fünfzehntausendstel der Gesamtfläche des Himmels. Da man aber schon mit einem Fernglas mehr als 150 000 Sterne sehen kann, sollte der Mond im Schnitt etwa 10 von ihnen pro Tag bedecken. Berücksichtigt man dagegen nur die rund 3000 Sterne, die für das bloße Auge hell genug sind, sollte es etwa jeden fünften Tag eine Sternbedeckung geben. Leider sind nur die wenigsten dieser Sterne hell genug, um sich auch neben dem Mond noch gegen dessen hellen Schein behaupten zu können. Dafür sind sie aber unerwartet „günstig" am Himmel verteilt: Von den nur knapp zwei Dutzend hellsten Sternen bis herunter zur zweiten Größenklasse liegen immerhin vier in dem Bereich des Himmels, der von der Mondbahn überdeckt werden kann – fast doppelt so viele, wie man bei einer Gleichverteilung erwarten dürfte. Es sind dies die folgenden Sterne: Aldebaran, Regulus, Spica und Antares.

Apropros Mondbahn: Während die Sonne jedes Jahr von uns aus gesehen die gleiche Bahn durch die Sternbilder nimmt – sie läuft gleichsam auf der Ekliptik –, verändert sich die Bahn des Mondes ständig. Sie ist zwar ziemlich konstant um einen Winkel von etwas mehr als 5 Grad gegen die Ekliptik geneigt, doch die räum-

**Hamburg
19ʰ38 – 20ʰ44**

**München
19ʰ47 – 20ʰ51**

liche Ausrichtung der Bahn wird durch die Anziehungskräfte von Erde, Sonne und Planeten ständig langsam gedreht; so kommt es, daß die Mondbahn am Himmel eher einem ausgetretenen Trampelpfad ähnelt, einem immerhin gut 10 Grad breiten Streifen rechts und links der Ekliptik. Welchen Weg der Mond innerhalb dieses Streifens nimmt, wird durch die Lage der beiden Schnittpunkte zwischen Mondbahn und Ekliptik bestimmt, die als Mondbahnknoten bezeichnet werden (siehe „Die schwankende Mondbahn" in *Was tut sich am Himmel 1996/97*); sie wandern innerhalb von 18,6 Jahren einmal im Uhrzeigersinn (von Ost nach West) die Mondbahn entlang.

Dies und die Verteilung der vier genannten Sterne innerhalb des Mondbahnbereiches führt dazu, daß es auch Jahre völlig ohne Bedeckung eines hellen Sterns gibt, so zum Beispiel zwischen 1992 und 1994. Derzeit dagegen wird Aldebaran, der Hauptstern im Stier, recht häufig bedeckt, und 1999 wandert der Mond auch vor Regulus, dem Hauptstern im Löwen, vorbei.

Aldebaran-Bedeckungen

(Zeiten für 50° N/10° O):

6.11.98	2.33–	3.45
31.12.98	0.31–	1.39
22. 3.99	19.42–	20.49

Besonders reizvoll ist es natürlich, wenn gleich mehrere Sterne bedeckt werden. Hier bieten sich die beiden Sternhaufen im Stier an, die Hyaden (in der unmittelbaren Nachbarschaft zu Aldebaran) und die Plejaden, die auch als Siebengestirn bekannt sind; da die Mitgliedssterne dieser beiden Haufen aber nicht sehr hell sind, braucht man zur Beobachtung auf jeden Fall ein Fernglas – oder besser noch ein Fernrohr. Am 5.11. und am 30.12.1998 wandert der Mond jeweils abends zu günstiger Beobachtungszeit vor dem südlichen Teil der Hyaden vorbei, wobei auch der Doppelstern θ_1/θ_2 (theta 1/theta 2) bedeckt wird (siehe „Doppelsterne – kosmische Tanzpaare", Seite 92).
Da der als Sternhaufen erkennbare Teil der Hyaden eine Längsausdehnung von immerhin rund 4 Grad besitzt, braucht der Mond etliche Stunden, um diese Region zu durchqueren; entsprechend kann er immer nur einen kleinen Teil der Sterne bedecken. Anders sieht es bei den Plejaden aus, deren „Durchmesser" lediglich 1 Grad beträgt: Hier kann der Mond innerhalb von rund zwei Stunden bis zu sechs der sieben Sterne bedecken. Vor einigen Jahren äußerte der Dortmunder Märchenforscher Ralf Koneckis in seinem Buch *Mythen und Märchen – Was uns die Sterne darüber verraten* (Kosmos-Verlag, 1994) die Hypothese, eine solche Plejadenbedeckung durch den Mond könne der „historische Kern" für das Märchen *Der Wolf und die sieben Geißlein* sein.

Plötzliches Verschwinden

Wer zum ersten Mal eine Sternbedeckung mit einem Fernglas oder – besser noch – einem Fernrohr bei starker Vergrößerung verfolgt, wird über den Ablauf überrascht sein. Bis zum letzten Augenblick strahlt der Stern mit voller Helligkeit, ehe er dann ganz plötzlich „ausgeknipst" wird. Die Sterne sind so weit entfernt, daß sie – bis auf wenige Ausnahmen – als punktförmig angesehen werden können: So klein der Bahnbogen ist, den der Mond in einer 20stel Sekunde zurücklegt (etwa $1/40$ Bogensekunde), ein ferner Stern ist noch winziger (unsere Sonne zum Beispiel würde vom nächsten Sternnachbarn viermal kleiner erscheinen).

Wichtige Hilfe

Solche Sternbedeckungen bieten eine ideale Gelegenheit, die augenblickliche Position des Mondes mit hoher Genauigkeit zu bestimmen: Wenn man weiß, an welcher Stelle des Himmels ein Stern steht, kann man aus den an verschiedenen Orten auf der Erdoberfläche gemessenen Zeiten für Anfang und Ende der Bedeckung die jeweilige Position des Mondes ermitteln. Daraus lassen sich mögliche Abweichungen des Mondes von seiner theoretisch berechneten Position aufdecken, und man kann außerdem die zugrundeliegenden Modellrechnungen weiter verbessern.

Umgekehrt kann man eine Sternbedeckung auch nutzen, um die Position einer „unsichtbaren" Strahlungsquelle am Himmel einzukreisen. Eine solche Notwendigkeit ergab sich zum Beispiel in den 60er Jahren, als man mit den damals noch recht „grobsichtigen" Radioteleskopen einige auffallend stark strahlende kosmische Radioquellen entdeckt hatte und nun herausfinden wollte, welche sichtbaren Objekte damit verknüpft sein mochten. Da ihre Positionen am Himmel nur auf wenige Grad genau bestimmt werden konnten, fiel diese Identifizierung zunächst nicht leicht: Selbst in einem Gebiet von nur ein paar Grad Durchmesser konnte man mit dem damals größten optischen Teleskop, dem 5-Meter-Spiegel auf dem Mount Palomar, zahllose mögliche Kandidaten ausmachen; sie alle genauer unter die Lupe zu nehmen, hätte viel Zeit gekostet. Als dann aber der Mond über eine dieser Quellen hinwegzog, ließ sich aus dem Zeitpunkt der Bedeckung (auch Radiowellen werden vom Mond abgeblockt) die Position der Quelle recht genau ermitteln und damit ein lichtschwaches, blau leuchtendes Gegenstück identifizieren. So wurden schließlich die Quasare als extrem energiereiche Strahlungsquellen am „Rande" des überschaubaren Universums entdeckt.

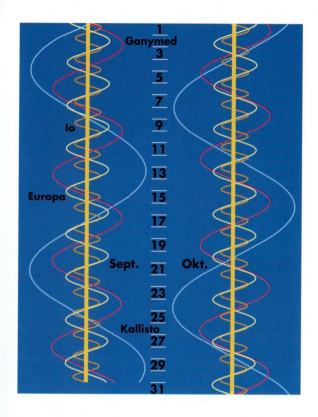

Der Tanz der Jupitermonde

Während die meisten in diesem Buch beschriebenen Phänomene und Himmelsereignisse mit dem bloßen Auge verfolgt werden können, braucht man zur Beobachtung der vier großen Jupitermonde ein Fernglas: Io, Europa, Ganymed und Kallisto stehen so nahe an Jupiter, daß man sie ohne optische Hilfe nicht erkennen kann – sie werden gleichsam von seinem Glanz überstrahlt.

Die vier Monde wurden zu Beginn des 17. Jahrhunderts von mehreren Himmelsbeobachtern nahezu

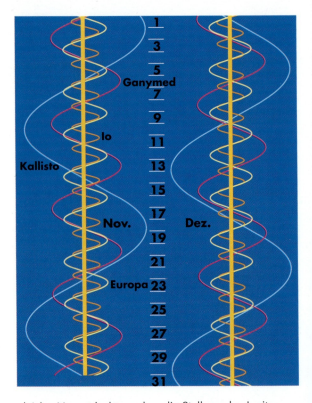

gleichzeitig entdeckt, nachdem damals das Fernrohr gerade erfunden worden war. Sie umlaufen den Planeten in Zeiträumen zwischen 2 und 16 Tagen und bieten damit von Nacht zu Nacht einen ständig wechselnden Anblick; die rasche Bewegung von Io fällt sogar innerhalb weniger Stunden deutlich auf.
Die farbigen Kurven auf diesen drei Seiten zeigen die Stellung der Jupitermonde während der Monate, in denen Jupiter zwischen 21 und 22 Uhr MEZ bequem am Himmel zu beobachten ist; dabei entspricht die Darstellung der Ansicht im Fernglas: Westen ist rechts, Osten links. Ein Teleskop kehrt den Anblick dagegen um: Hier sind Osten und Westen, aber auch Norden und Süden, vertauscht.

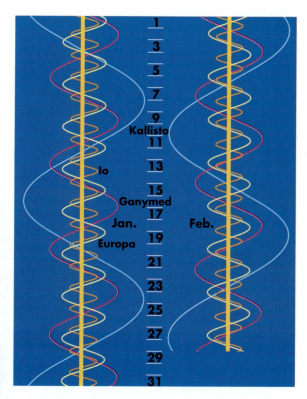

Natürlich sind nicht immer alle vier Monde zu erkennen: Oft genug zieht einer gerade hinter dem Planeten vorbei oder wandert vor ihm her. Gelegentlich sind auch schon einmal zwei oder drei Monde unsichtbar, und ganz vereinzelt erscheint Jupiter für kurze Zeit sogar völlig mondlos – und bietet dann einen völlig ungewohnten Anblick.

Zur bequemen Beobachtung der Jupitermonde empfiehlt es sich übrigens, das Fernglas mit einem Adapter auf ein Fotostativ zu schrauben, um ein ruhiges, wackelfreies Bild zu erhalten. Dann kann man die wie Perlen auf eine Schnur aufgereihten Jupitertrabanten auch noch in der Nähe des hellen Planetenscheibchens sehr gut erkennen.

Jupiter und seine Monde

Wer die Jupitermonde regelmäßig im Fernglas verfolgt, möchte vielleicht auch einmal wissen, was sich hinter diesen kleinen Lichtpunkten verbirgt. Schon Galileo Galilei, der sie im Januar 1610 erstmals beobachtete, bezeichnete sie als eine Art Miniaturausgabe des Sonnensystems. Er bezog sich dabei allerdings auf die Bewegung der Monde um den Jupiter, denn in seinem bescheidenen Fernrohr, dessen optische Qualität und Leistung von jedem modernen Fernglas weit übertroffen werden, konnte Galilei keine Einzelheiten erkennen.

Den modernen Astronomen ging es bis vor nicht allzulanger Zeit kaum anders: Erst in den 70er Jahren wurden aus den winzigen Lichtpunkten ausgewachsene Himmelskörper, als amerikanische Raumsonden vom Typ *Pioneer* und *Voyager* erste Nahaufnahmen der Jupitermonde zur Erde funkten. Da die Sonden selten näher als ein paar hunderttausend Kilometer an die Monde herankamen, blieben die gewonnenen Ansichten allerdings zunächst nur recht grob; einzig bei Io, dem innersten der vier großen Monde, konnte man genügend Details erkennen, um zum Beispiel gleich mehrere aktive Vulkane zu entdecken.

Mitte der 90er Jahre wurde unser Bild von den Jupitermonden noch einmal dramatisch verbessert: Damals schwenkte die Raumsonde *Galileo* in eine langgestreckte Umlaufbahn um den Riesenplaneten ein. In der Folgezeit konnte sie jeden der vier Monde ausgiebig erkunden und zahlreiche Nahaufnahmen hoher Auflösung sowie ergänzende Meßdaten zur Erde funken. Darüber hinaus hat Galileo eine Forschungssonde in die Atmosphäre des Riesenplaneten entsandt, die bei ihrem Abstieg in tiefere Luftschichten Daten über die Zusammensetzung der Gashülle sowie über die dort herrschenden Druck- und Temperaturverhältnisse zur Erde übermitteln konnte.

Auf den folgenden Seiten werden einige der Ergebnisse kurz skizziert; aktuelle und weitergehende Informationen findet man im Internet über die Adresse: http://www.jpl.nasa.gov/Galileo.

Jupiter – das wußten die Astronomen schon vor der Ankunft der Galileo-Sonde – besteht hauptsächlich aus Wasserstoff und Helium, den beiden einfachsten und deshalb häufigsten Elementen im Kosmos; damit ähnelt Jupiter in seiner Zusammensetzung mehr der Sonne als der Erde. Während ihres Abstiegs konnte die Atmosphärensonde Aufschluß über die Häufigkeiten dieser beiden und einiger anderer Elemente beziehungsweise Elementverbindungen liefern.

Danach besteht die oberste Wolkenschicht aus Ammoniak-Kristallen, einer Verbindung aus Wasserstoff mit Stickstoff, die bei −145 °C ausfriert, während die Kristalle und die Tröpfchen der tiefer liegenden Wolken zusätzlich Schwefel enthalten. Außerdem wurde eine Wasserstoff-Phosphor-Verbindung gefunden, die für die rötlichbraune Färbung vieler Jupiterwolken verantwortlich gemacht wird. Komplexere organische Moleküle konnten dagegen nicht nachgewiesen werden.

Io – mit einem Durchmesser von rund 3630 km nur wenig größer als unser Mond – stand während der ersten beiden Jahre nicht auf dem Programm für eine Erkundung aus geringer Entfernung. Aufgrund seines geringen Abstandes zum Jupiter bewegt er sich innerhalb des Strahlungsgürtels, der die Elektronik an Bord der Sonde ernsthaft gefährden könnte. Erst am Ende der Verlängerungsmission soll Galileo gleichsam in einer Kamikaze-Aktion bis zu diesem Mond vordringen. Doch auch aus größerer Distanz lieferte Galileo etliche Aufnahmen der Io-Oberfläche, die deutliche Veränderungen gegenüber den 1979 von Voyager übermittelten Bildern erkennen lassen: Während dieser Zeit haben die aktiven Vulkane das Gelände in ihrer Umgebung bereits nachhaltig umgestaltet. Darüber hinaus fand Galileo ein schwaches Magnetfeld, das auf einen eisenhaltigen Kern im Zentrum schließen läßt.

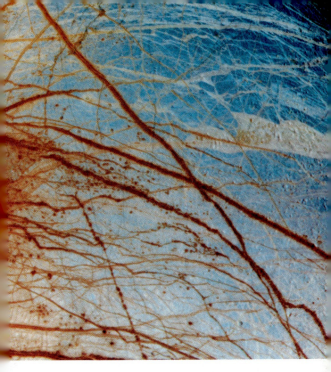

Europa – mit rund 3140 Kilometer etwas kleiner als der Erdmond – hat sich während der Galileo-Mission als besonders interessant erwiesen: Er ist von einem dicken Eispanzer umgeben, der an vielen Stellen aufgebrochen ist; manche dieser Bruchkanten erstrecken sich über viele hundert bis tausend Kilometer und bilden ein komplexes „Netz".
Solche Risse und Brüche im Eispanzer setzen eine innere Aktivität voraus, die ihrerseits ohne Energiequelle nicht denkbar ist: Europa dürfte – ähnlich wie Io – auf einer leicht elliptischen Umlaufbahn durch wechselnde Gezeitenkräfte des Jupiter gleichsam durchgeknetet worden sein.
Unter dem Eispanzer vermuten die Wissenschaftler einen Ozean aus flüssigem Wasser, denn dort, wo sich solche Bruchkanten kreuzen, sind die Eisschollen vielfach auseinandergedriftet; vielleicht ist dieser Ozean mittlerweile zu „warmem Eis" erstarrt.

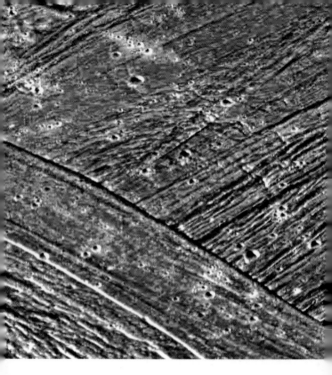

Ganymed – mit einem Durchmesser von 5262 Kilometer der größte Jupitermond – ist zugleich der größte Trabant im Sonnensystem, größer noch als die beiden Planeten Pluto und Merkur. Auf seiner Oberfläche findet man neben großen Dunkelgebieten ähnlich den Mondmeeren auch ausgedehnte, stark zerfurchte Flächen, die aussehen, als wären sie vor langer Zeit von einem überdimensionalen Pflug bearbeitet worden. Ganymed muß daher über eine innere Wärmequelle verfügt haben, zumal Galileo bei ihm auch ein Magnetfeld nachgewiesen hat (Magnetfelder gelten als Hinweis auf einen teilweise flüssigen, eisenhaltigen Kern).

Zwar läßt die heutige Bahn eine Gezeitenreibung nicht zu, doch könnte er vor rund 1 Milliarde Jahren vorübergehend auf eine entsprechende Bahn geraten und dabei so stark aufgeheizt worden sein, daß der Kernbereich bis heute „nachglüht".

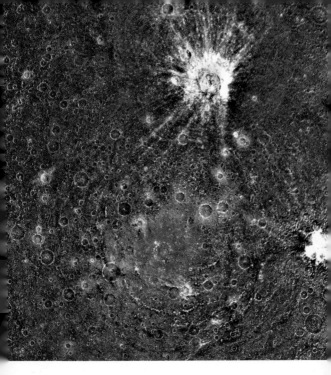

Kallisto – mit einem Durchmesser von 4806 Kilometern etwa so groß wie Merkur – zeigt eine von vielen Kratern zernarbte Oberfläche, während Hinweise auf eine innere Aktivität, die sein Äußeres umgestaltet hätten, fehlen. Auffallend sind zwei riesige Einschlagbecken, die von etlichen konzentrischen Ringen umgeben sind: Walhalla mit einem Durchmesser von insgesamt 3000 Kilometern und Ansgard, etwa halb so groß. Anders als beim Erdmond zeigen diese Ringstrukturen allerdings keine hohen Kraterränder – ein Hinweis darauf, daß die Eiskruste von Kallisto zur Zeit der Einschläge (vermutlich vor rund 4 Milliarden Jahren) bereits in geringer Tiefe plastisch oder gar flüssig gewesen sein dürfte.

Mehrere Kraterketten lassen vermuten, daß Kallisto wiederholt von Kometentrümmern bombardiert wurde – ähnlich wie Jupiter selbst im Sommer des Jahres 1994.

Doppelsterne – kosmische Tanzpaare

Rund 3000 Sterne in unserer näheren kosmischen Umgebung sind so hell, daß man sie bei einen wirklich dunklen Himmel mit bloßem Auge sehen könnte. Wenn sie gleichmäßig über den Himmel verteilt wären, hätten sie untereinander einen Abstand von mehr als 3,5 Grad – das entspricht etwa dem Siebenfachen des Winkels, unter dem Sonne und Mond am Himmel erscheinen.

Allerdings macht bereits ein kurzer Blick zum nächtlichen Sternhimmel deutlich, daß von einer solchen gleichmäßigen Verteilung der Sterne keine Rede sein kann: Da gibt es auffällige Sterngruppen wie etwa das Siebengestirn (die Plejaden) im Stier, das am abendlichen Herbst- und Winterhimmel zu sehen ist; hier beträgt der gegenseitige Abstand zwischen den einzelnen helleren Mitgliedern weniger als ein halbes Grad. Sorgfältige Messungen haben gezeigt, daß die Sterne dieses und anderer „Sternhaufen" jeweils nahezu gleichweit von uns entfernt sind, so daß die Mitglieder solcher Gruppen auch räumlich zusammengehören; sie stehen einander deutlich näher als etwa der nächste Fixstern zur Sonne, der immerhin mehr als 4 Lichtjahre entfernt ist. Ein Lichtjahr ist die Strecke, die das Licht in einem Jahr zurücklegt; die Sonne ist nur etwas mehr als 8 Lichtminuten entfernt, und das heißt, daß der nächste Nachbarstern immerhin rund 275 000mal so weit von der Sonne entfernt ist wie die Erde! Trotzdem sind die Abstände der Plejadensterne untereinander noch so groß, daß die Sterne sich innerhalb des Haufens ziemlich frei bewegen können, sich also nicht etwa paarweise gegenseitig umrunden.

Enge Sternpaare

Bei genauerem Hinsehen wird man aber auch Sternpaare finden, die ähnlich nahe oder noch näher beisammenstehen; solche Paare werden von den Astronomen als Doppelsterne bezeichnet. Ein bekanntes Beispiel dafür ist Mizar, der mittlere Deichselstern im Großen Wagen: Hier kann man im Abstand von lediglich

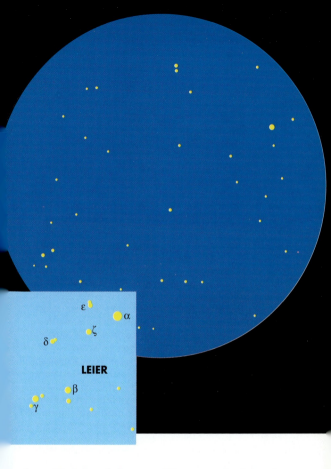

einem Fünftelgrad einen lichtschwachen Begleiter erkennen – Alcor, das „Reiterlein". (Wo die Sehschärfe der Augen nicht mehr ausreicht oder der Himmel zu hell ist, hilft ein kleines Fernglas.) Auch der Stern $\varepsilon_1/\varepsilon_2$ (epsilon 1/epsilon 2) in der Leier, rund 1,5 Grad nordöstlich der hellen Wega, erweist sich spätestens in einem Opernglas als enges Paar zweier lichtschwacher Sterne, die etwa 3,5 Bogenminuten auseinanderstehen (der Mond erscheint am Himmel unter einem Winkel von rund 30 Bogenminuten) – scharfsichtige Menschen sehen hier schon sogar mit bloßem Auge zwei Sterne.

Aus der genauen Beobachtung solcher Doppelsterne konnten die Astronomen eine ganze Menge lernen. Zum einen bieten Doppelsterne die einzige Möglichkeit, Sterne gleichsam zu wiegen, denn die gegenseitigen Umlaufbahnen werden einzig durch die Massen der einzelnen Sternpartner bestimmt.

Zum anderen verraten Doppelsternbeobachtungen etwas über einen möglichen Zusammenhang zwischen Masse und Helligkeit eines Sterns. Daß es eine solche Abhängigkeit gibt, ist naheliegend, denn die Masse eines Sterns bestimmt seinen Energievorrat: Ein Stern leuchtet, weil er in seinem Inneren Wasserstoff in Helium umwandelt und dabei einen geringen Bruchteil der Materie in Energie (Strahlung) umwandelt.

Tatsächlich konnten die Astronomen herausfinden, daß die Energieabstrahlung (die „Leuchtkraft") sehr stark von der Materiemenge abhängt: Ein Stern mit doppelter Sonnenmasse strahlt nämlich rund elfmal so hell wie die Sonne.

Schließlich offenbarte die Untersuchung von Doppelsternsystemen auch etwas über die Bedeutung der Sternmasse für das Leben eines Sterns: Da die einzelnen Partner eines solchen Systems etwa gleichzeitig entstanden sind, lassen äußerlich erkennbare Unterschiede auf voneinander abweichende Entwicklungsstufen schließen. Auf diese Weise haben die Astronomen seit langem herausgefunden, daß massereiche Sterne wesentlich schneller altern als solche mit weniger Masse: Während unsere Sonne erst nach etwa 10 bis 12 Milliarden Jahren das Ende ihrer Entwicklung erreichen dürfte, kann ein Stern mit fünffacher Sonnenmasse bereits nach einigen Hundertmillionen Jahren „verlöschen".

Auch der Stern δ (delta) südöstlich von Wega erweist sich bei genauerem Hinsehen als doppelt: Hier findet man zwei Sterne der 4. und 5. Größenklasse etwa 10 Bogenminuten oder ein Drittel des Vollmonddurchmessers auseinander. Allerdings stehen beide nur scheinbar nebeneinander: Denn der hellere von beiden ist etwa 900 Lichtjahre von uns entfernt, der schwächere etwa 1080; solche Paare werden optische Doppelsterne genannt.

Die Wahrscheinlichkeit für solche „zufälligen" Paare

ist in Sternhaufen natürlich größer, und tatsächlich enthalten die Hyaden im Sternbild Stier gleich mehrere optische Doppelsterne: So stehen σ_1 und σ_2 (sigma) östlich von Aldebaran am Himmel zwar nur etwa 7 Bogenminuten auseinander, aber doch etwa 7 Lichtjahre „hintereinander", und θ_1 und θ_2 (theta) – sie befinden sich westlich von Aldebaran – am Himmel nur gut 5 Bogenminuten auseinander, sind sogar 9 Lichtjahre voneinander getrennt. Alle vier sind – wie die gesamte Hyadengruppe – rund 150 Lichtjahre von der Sonne entfernt.

Begriffserläuterungen

Ekliptik heißt die scheinbare Jahresbahn der Sonne, also der Weg, den die Sonne im Laufe eines Jahres durch die Sternbilder nimmt.
Größte Elongation nennt man den größtmöglichen Winkelabstand von Merkur oder Venus relativ zur Sonne.
Himmelsäquator nennt man die Linie, die genau über dem Erdäquator verläuft.
Himmelspol heißt der Punkt genau über dem Nord- bzw. Südpol der Erde; durch die Erdrotation scheinen sich alle Sterne um den Himmelspol zu drehen.
Konjunktion bedeutet Zusammenkunft; ein Planet steht in Konjunktion mit der Sonne, wenn er auf der Ekliptik die gleiche Position wie die Sonne erreicht. Bei Merkur und Venus unterscheidet man zwischen unterer (Planet zwischen Sonne und Erde) und oberer Konjunktion (Planet jenseits der Sonne).
Kulmination nennt man die höchste Stellung eines Gestirns während des täglichen Umschwungs; sie wird stets auf der Nord-Süd-Linie erreicht.
Opposition bedeutet Gegenschein; ein Planet steht in Opposition zur Sonne, wenn er auf der Ekliptik der Sonne gegenübersteht und entsprechend bei Sonnenuntergang aufgeht, bei Sonnenaufgang dagegen untergeht.
Rechtläufig heißt die normale, „richtige" Bewegungsrichtung von Sonne, Mond und Planeten entlang der Ekliptik; sie ist von West nach Ost gerichtet.
Rückläufig ist ein Planet während der Oppositionsschleife, wenn er sich von Ost nach West vor den Sternen bewegt (Merkur und Venus sind um die Zeit der unteren Konjunktion rückläufig).
Zenit nennt man den Punkt genau über dem Beobachter.
Zirkumpolar ist ein Stern oder Sternbild, das bei seinem täglichen Umschwung nicht untergeht, sondern zwischen Himmelspol und Horizont „durchschlüpft" und entsprechend immer zu beobachten ist.

Impressum

Mit 11 Farbfotos, 12 farbigen Monatssternkarten und 45 Farbgrafiken von G. Weiland, Köln

© 1998, Franckh-Kosmos Verlags-GmbH und Co., Stuttgart
Alle Rechte vorbehalten
ISBN 3-440-07569-9
Lektorat: Marion Schulz
Herstellung: Lilo Pabel
Printed in Italy/Imprimé en Italie
Satz: Kittelberger, Reutlingen
Druck: Printer Trento S.r.l., Trento

Umschlag von J. Reichert, Stuttgart, unter Verwendung einer Grafik von G. Weiland und zweier Fotos von H.-M. Hahn

Die Deutsche Bibliothek – CIP-Einheitsaufnahme

Was tut sich am Himmel ... – Stuttgart: Kosmos
  Erscheint jährl. – Aufnahme nach 1995/96 (1995)
1995/96 (1995)